図解でよくわかる 土・肥料のきほん

選び方・使い方から、安全性、種類、流通まで

一般財団法人 日本土壌協会
監修

誠文堂新光社

すぐわかる すごくわかる!

図解でよくわかる 土・肥料のきほん

目次

第4章 作物の要素欠乏・過剰症

第5章 肥料の必要性と区分

第6章 化学肥料の種類と特徴

目次

第7章 有機質肥料の種類と特徴

第8章 土づくりと施肥の工夫

第9章 家庭菜園の土と肥料

第10章 環境の時代・土と肥料の未来

参考ページ

コラム

「よい作物を育てるのに土づくりは欠かせない」

よく聞く言葉だ。

「肥料の効かせ方で、作物の出来・不出来は決まる」

これもよく聞く。

はたして「土づくり」とは何だろうか？

また、「肥料を効かせる」には、どうしたらいいのだろう？

土の成り立ちや仕組み、肥料の種類や役割を理解することが、
健全な作物を育てる最初の一歩になる。

第1章

土壌の働きと種類

たった1gの土のなかに、1億以上の微生物が生きている。これらの無数の微生物は、作物を育てるうえで、土壌にさまざまな影響を与える。

また、日本の土壌は、その変化に富んだ地形に応じていくつもの種類があり、それぞれが異なる性質をもつ。

作物栽培の土台である土壌の多様な役割や、その種類による違いをみていく。

土壌はどのようにできたか

岩石（母岩）が風化し土壌となる

日本には「土」と「土壌」という、意味の近い言葉が2つある。「土」とは、一般の通称で、農業の用語としては「土壌」が使われている。「壌」には「やわらかな土」「肥えた土」「作物を育てる土」という意味がある。

土壌は、母材となる岩石や火山灰、植物遺体などからつくられる。土壌の生成は、岩石の風化からはじまる（次頁）。

①**風化による母岩の崩壊**：地表の岩石（母岩）が、気候（寒暖の変化、雨、風など）による風化を受けて崩壊し、破片が母岩の上に堆積する。

②**土壌母材の移動・堆積**：急傾斜地で雨の多い日本では、母岩の破片は河川によって運ばれる過程で小さく削られて石や砂になり、下流域に移動する。さらに火山国の日本では、別の母材である火山灰などの噴出物が地表に堆積する。

③**土壌化の開始**：砂や火山灰などから水に溶け出した無機物が反応して「粘土鉱物」と呼ばれる微細な粒子が生成される。地表に堆積した鉱物質粒子の層の上に地衣類（コケの仲間）や微生物が棲みつき、植物の遺体は微生物が分解、その一部が「腐植」（黒い土壌有機物）となって蓄積する。

④**土壌化の進行・土壌層の分化**：砂の粒子、粘土鉱物、溶け出た無機物、土壌有機物などの量が増え、これらの物質が反応しあって「団粒構造」が形成され、土壌化作用が加速する。土壌層が、地表からA層（腐植の豊富な黒色の土層）、B層（粘土や鉄化合物の集積した褐色の土層）、C層（母岩の崩壊物と母岩）に分化する。

人の手も農地土壌の生成因子

土壌とは、母材を主原料として、気候、地形、生物の影響を受け、有機物と無機物が組み合わさって、長い時間をかけてつくられてきた「自然体」であり、これらの「母材」「気候」「地形」「生物」「時間」を「土壌生成因子」という。

ほかに「人為」も土壌生成因子に加えられている。

農地の土壌は、人為が強く影響している。その代表が「水田土壌」（22頁）である。水田の土壌そのものは自然がつくった土壌だが、人間が畦をつくり、水を張ったことで、水田土壌という独特の断面構造をもつ土壌がつくられた。

開墾して農地になった土壌は、耕うんによって表層のA層とともにその下のB層の一部が混合されて、やわらかくされた「作土」が形成される。作土の下の耕うんされていないB層やC層は「下層土」と呼ばれる。

土壌は地球のごく表面を皮ふのように覆っているにすぎない。山岳部も含めて土壌の厚さの平均はわずか18㎝とされている（陽捷行『土壌圏と大気圏』、1994）。また、土壌は不適切な人為によって、たちまち劣化する。

岩から土へ

土壌の生成過程

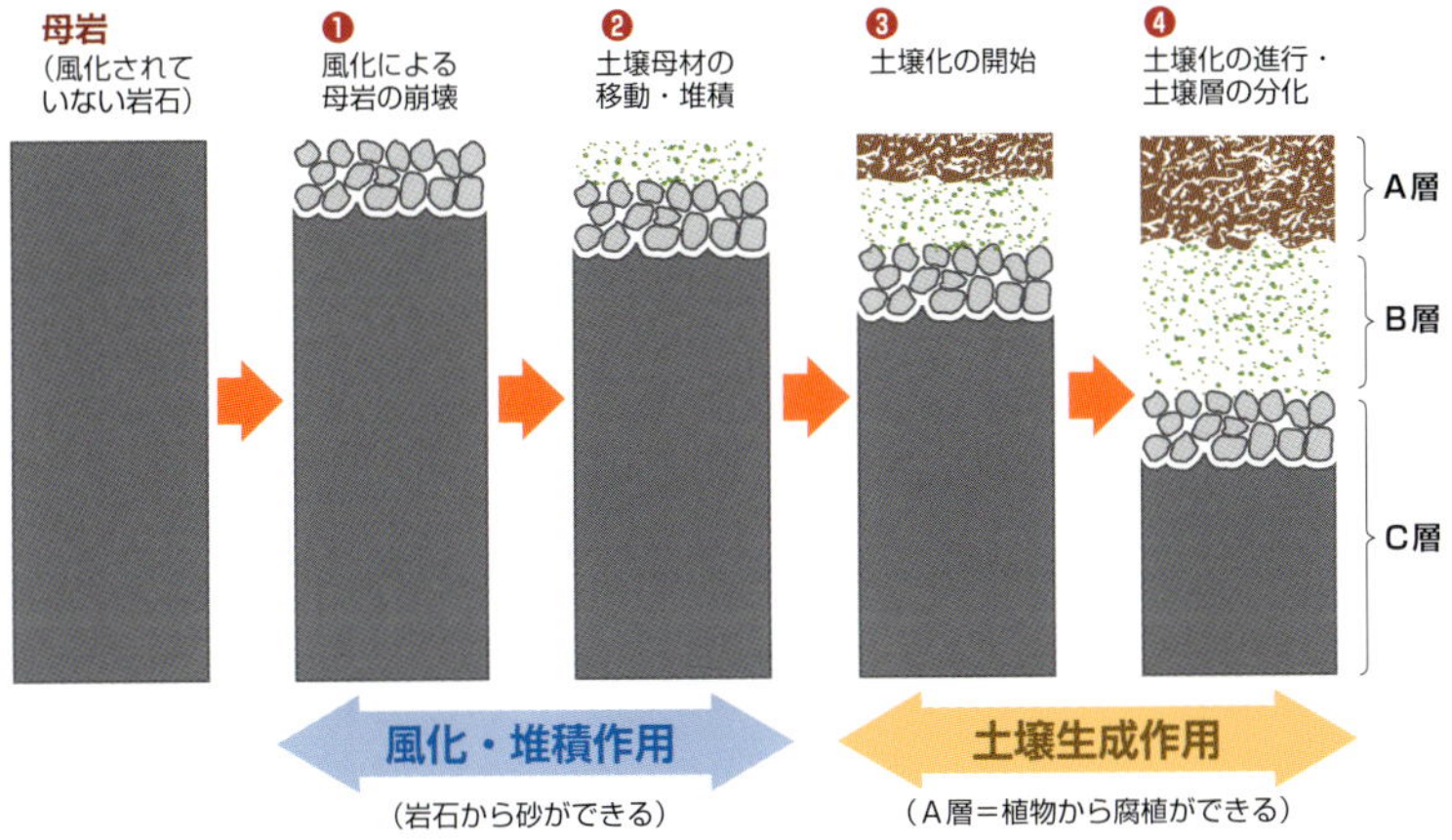

（『栽培環境』農文協を一部改変）

土壌の定義と生成因子

①土壌とは、気候・地形・母材や生物などの影響を受けて生成した独自の形態を有する自然体
②土壌とは、物理的・化学的・生物的性質を有する自然体

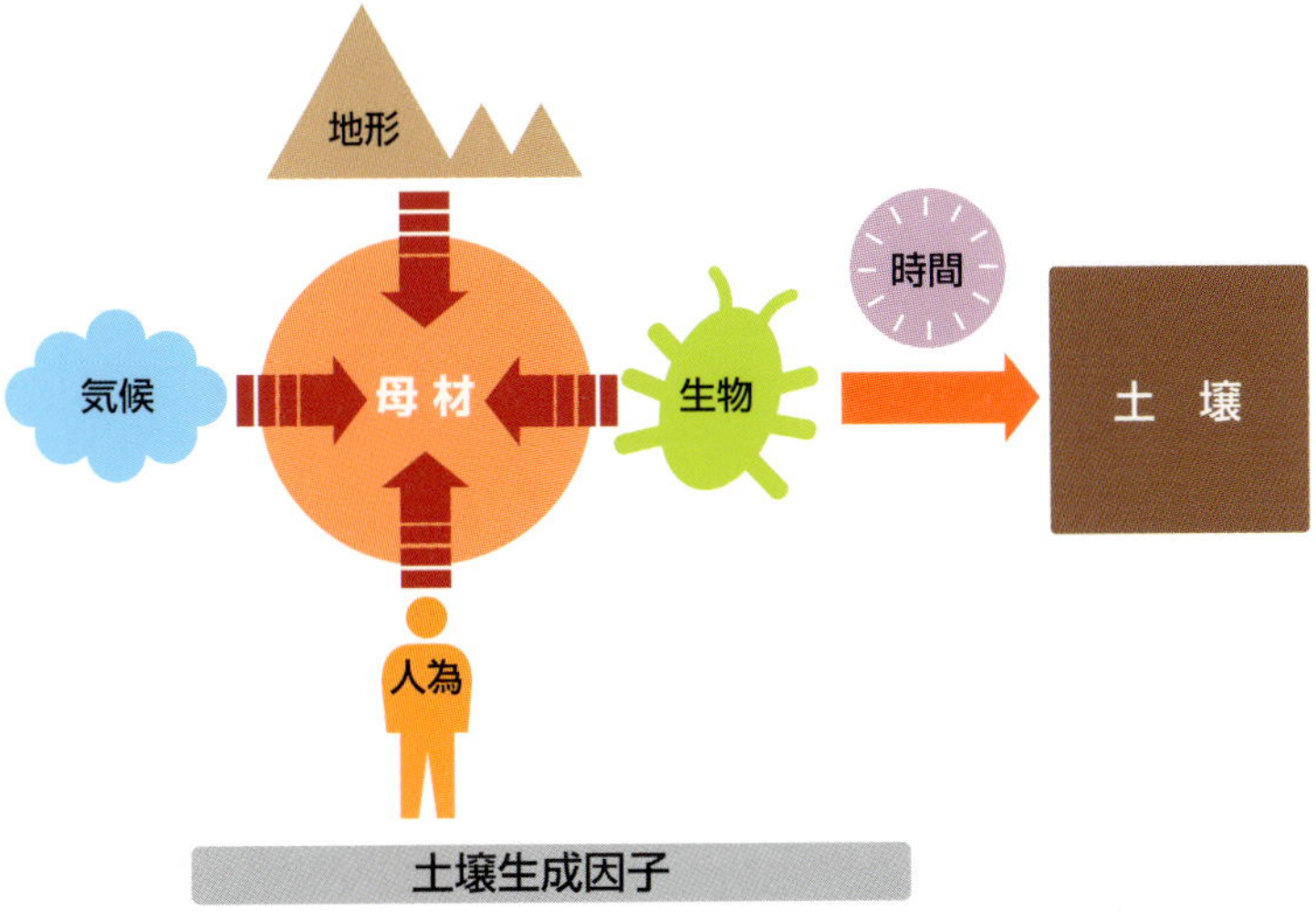

（資料：『土と施肥の新知識』全国肥料商連合会）

土壌の三相と団粒形成

水や空気もある土のなか

8頁で解説したように、植物をはじめとする生物を養っている土壌は、長い自然の営みによって生み出された岩石の風化物と動植物の遺体分解物からできている。

できあがった土壌は、鉱物粒子、土壌有機物などの大小多数の粒子からなる多孔質の物質で、その粒子間のすき間に水と空気を保持している。その固体の部分（土壌粒子、動植物分解物）を「固相」、水の部分を「液相」、空気の部分を「気相」と呼び、これを「土壌の三相構造」と呼んでいる。

三相分布（3者が占める容積の割合）は、土壌のかたさや通気性、保水性などの物理的状態を示すものだが、養分の保持や、根の伸びやすさなど、植物の生育に大きな影響を及ぼしている。

固相は根を支え、養分供給を調節する。気相は酸素を、液相は水と養分を根に供給する。

この三相のバランスのよしあしが、作物の生育に大きな影響を与えている。

土、水、空気のほどよいバランス

固相の割合を固相率と呼び、水分の容量割合を水分率、空気の容量割合を空気率という。

また、水分率と空気率の合計割合を「孔隙率」という。

固相率は、土性の影響を強く受け、一般に、粘土が多く砂の少ない土壌ほど高くなる（土性区分については、20頁）。ただし、固相率は土性だけでは決まらない。火山灰を母材とする黒ボク土など、土壌有機物含量の高い土壌では「団粒化」によって孔隙率が増加し、固相率が低下する。また、液相や気相の割合は、降雨量や地下水位、排水性などによって変わる。

さらに三相分布（固相率・水分率・空気率）は、耕うんや有機物施用など農作業のしかたでも変わってくる。三相分布の好適な割合の例を次頁に紹介した。

適度な孔隙をつくる団粒構造

作物の栽培に適した土壌は、降雨による水が適度に保持されるとともに、適度に排水されることが必要になる。また、根に十分な酸素と水に溶けた肥料成分を供給することも欠かせない。これには土壌に適度な孔隙（すき間）が必要で、そのためには土壌に「団粒構造」を発達させなければならない。

団粒構造とは、土壌粒子（粘土や腐植）が結合して集合体となり、その集合体がより大きな集合体をつくる状態をいう。

畑の土では、「土壌団粒」の形成が、養分の保持・通気性・排水性さらには保水性をよくする決め手である。

三相から見る土の形

土壌の三相分布

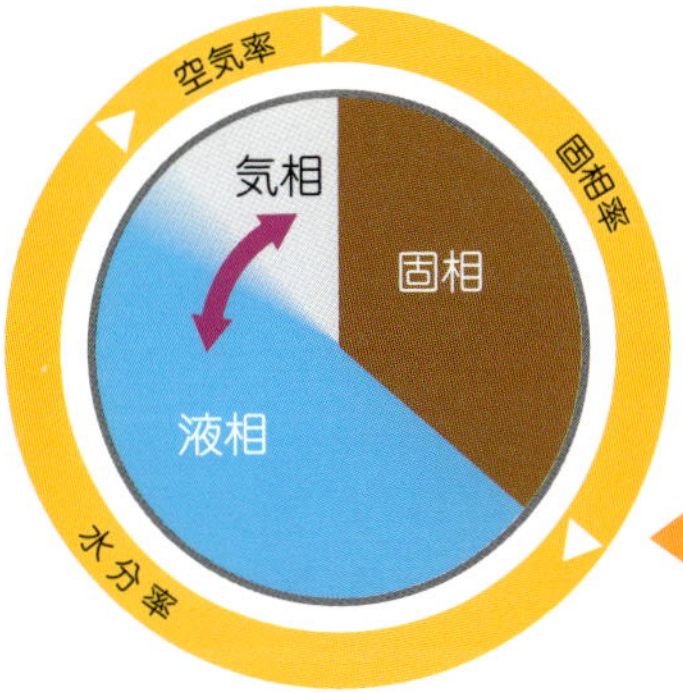

固相の割合	固相率	
液相の割合	水分率	孔隙率
気相の割合	空気率	孔隙率
合計	100%	

三相分布の模式図

（資料：『土と施肥の新知識』全国肥料商連合会）

三相分布の好適割合

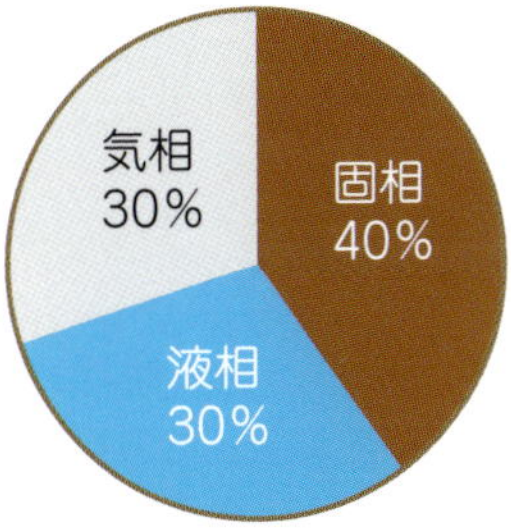

固相	土の性質
50%以上	かたすぎる
40%前後	良好
30%前後	やわらかすぎる

団粒のよく発達した畑の作土ではこの程度が健全。ただし気相と液相の割合は乾燥の度合で変わる

土壌の団粒構造（模式図）

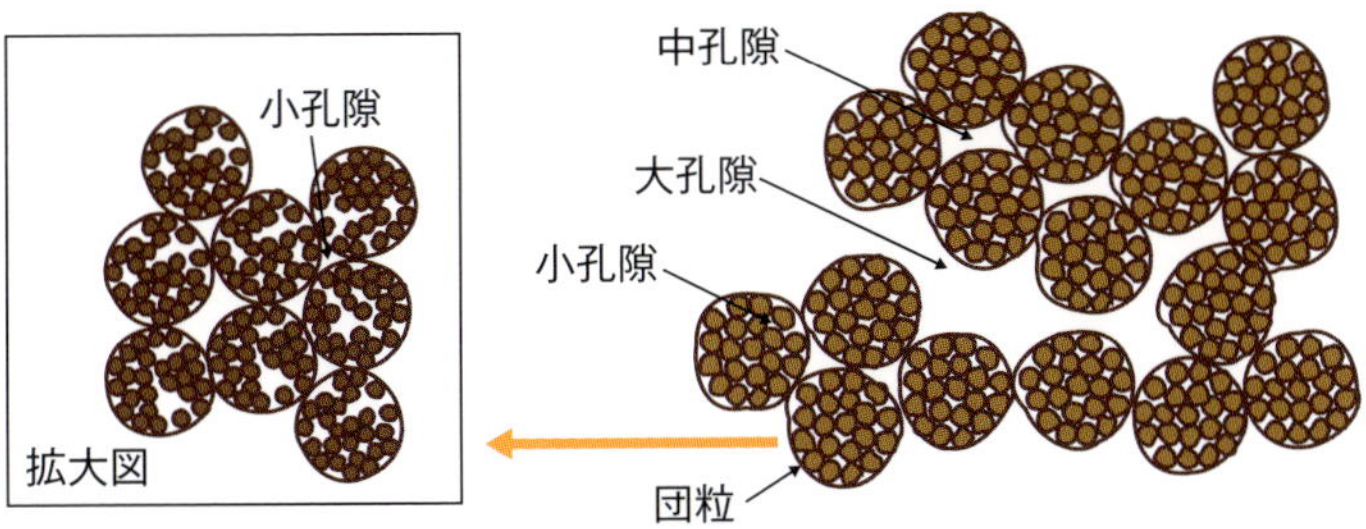

大孔隙には空気が通り、中・小孔隙には有効水が保持される

（資料：『土と施肥の新知識』全国肥料商連合会）

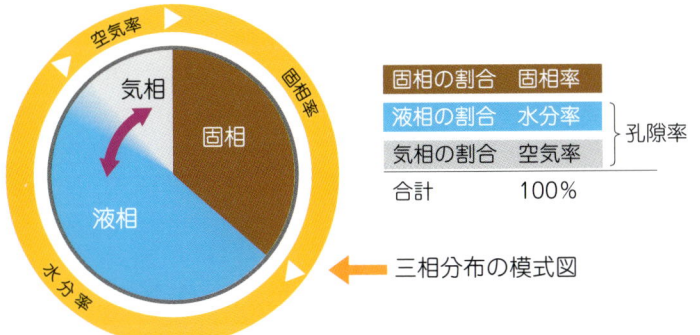

地力を上げる腐植の力

土壌有機物（腐植）とは？

農耕地では、作物生産の安定化のために、毎年、堆肥などの有機物を田畑に入れる。

有機物とは、炭素（C）を含む物質の総称である。落葉でもわらやモミがらでも、有機物が土壌に施され、それを微生物などが分解すると、その有機物は黒色の有機化合物に変化する。微生物も含めて土壌中の動植物の遺体が分解・変化して土を黒くしていく。この黒い物質は腐植と呼ばれて、土壌有機物と同じ意味をもっている。肥沃な土壌とは、腐植に富んだ土である。腐植の多い土ほど濃い黒色になる。

腐植は、微生物による有機物の利用残さといってもよく、その組成は分解・重合の程度により多様である。なかでもとくに複雑な組成をもち、分解しにくい有機化合物を「腐植物質（腐植質）」と呼ぶ。土壌中に腐植物質が多いほど一般に地力が高く、腐植は土壌中で重要な働きをしている。

いろいろとある腐植の役割

①土壌中の無機養分を保持：腐植物質は、電気的に陽イオンの吸着力が大きく保肥力を高める。腐植の多い土壌は肥料の持ちがよく、多少施肥しすぎても肥料ヤケを起こさない。

②土壌を団粒化：腐植は粘土鉱物と結合し、さらに砂と粘土をくっつける糊の役割も果たして、土壌を団粒化する。こうしてできた団粒は、土壌に孔隙をつくり、保水性・通水性・通気性を向上させる。

③pHの変動を抑制（緩衝作用）：腐植が多い場合、施した肥料の酸やアルカリ物質によるpHの変動を抑える。

④アルミニウムの不活性化（リン酸の可給化）：火山灰土では土壌に多く含まれているアルミニウムがリン酸と結合し、作物がリン酸を吸収できない状態になる。腐植はこのアルミニウムと結合して不活性化し、リン酸を効きやすくする。

⑤生理活性（生育促進）効果：腐植は植物生長ホルモンであるオーキシンやサイトカイニンなどを含み、生長促進の効果がある。根の量が多くなり、障害に強い作物に育つ。

腐植が多いのに「痩せ土」？

腐植の多い土壌は肥沃な土壌……これには例外もある。日本の畑の半分を占め、天然の腐植が多い「黒ボク土（火山灰が母材）」は、本来、酸性が強く、リン酸が欠乏したやせ土である。石灰質資材による酸性改良と、熔リン（土壌に固定されにくい、72頁）の積極施用によって、評価の高い畑土になった。黒ボク土のような腐植化度の高い腐植は、分解しにくく土壌微生物のエサになりにくいので、微生物の活性化を高めるためにエサとなる有機物の施用が必要である。

腐植が地力を上げる理由

土壌有機物（腐植）の５つの力

団粒化と腐植の働き

（資料：藤原俊六郎『新版 図解 土壌の基礎知識』農文協）

土壌生物の働き

土壌動物と土壌微生物

土壌のなかには、ミミズやダニのような土壌動物のほかに、細菌や糸状菌など、膨大な数の土壌微生物が生息している。土壌動物や土壌微生物のおもな働きは、有機物の分解と無機化（作物への養分供給）への連携的なかかわりである。

【土壌動物】体長によって巨形から小形まで4つに区分されている（次頁）。たとえば巨形動物のミミズが落葉などの有機物を食べると、その80％を糞として排出する。その糞を大形動物のダンゴムシなどが食べて糞を出す。こうしたリレーが中形動物から小形動物へと引き継がれることで、有機物が微細に砕かれ土壌粒子と混合されて、土壌微生物による有機物分解へと引き継がれる。

【土壌微生物】細菌（バクテリア）、放線菌、糸状菌（カビ類）、藻類（水田に多い）に大別される。土壌1g中には、1億以上の微生物が生息するといわれるが、その多くが細菌で、好気性菌と嫌気性菌（メタン細菌ほか）がある。

糸状菌（カビ類）の数は細菌の10～100分の1だが、土壌中に菌糸をはびこらせていて、重量割合では細菌を上回る。好気性で、分解しにくい有機物を効率的に分解する。

放線菌は、細菌と糸状菌の中間の性質をもつ糸状微生物。抗生物質をつくり出す菌も多く、有害な菌を抑制する働きをもつ菌もいる。土特有のにおいは放線菌がつくり出している。

有機物の分解と微生物のかかわりを、人為的に分解を促進する「堆肥」づくりの過程で説明しよう。

有益菌のリレーで有機物を分解

適度な水分で分解（発酵）がはじまると、はじめに糖やアミノ酸、デンプンから分解が進み、タンパク質など細胞内部の物質が糸状菌や好気性の細菌によって分解され、その呼吸熱で発熱が起こる。次に植物細胞壁の成分であるペクチンの分解がはじまる。その後、50～60℃以上になると糸状菌は生息しにくくなり、高温性で好気性の放線菌が増える。糸状菌が分解できなかったセルロース（繊維質）の分解が進む。

このあと、放線菌の食べるエサがなくなると、温度がゆっくり低下し、最も分解しにくいリグニンの分解が、糸状菌の仲間の担子菌（きのこ類）によってはじまる。土壌中の有機物は、こうした微生物の働きでゆっくりと分解されていく。

土壌生物には、作物に有害な寄生センチュウや病気をもたらす細菌や糸状菌もいる。作物の根に寄生（共生）して難溶性のリン酸を供給する有益な「菌根菌」もいる。

有害生物の暴走を抑え、作物を健全に育てるキーワードは「多様性の保持」である。好気性菌から嫌気性菌まで棲み分けられる土壌環境を保持できるかどうかは、土壌に「団粒構造」が形成されているかどうかにかかっている。

土壌生物の分類と性質

土壌動物の体長による分類

分類	体長	種類
巨形動物	20mm 以上	トカゲ、ヘビ、モグラ、ミミズ
大形動物	2 ～ 20mm	アリ、クモ、ヤスデ、ムカデ、ダンゴムシ
中形動物	0.2 ～ 2mm	トビムシ、ダニ、ネマトーダ
小形動物	0.2mm 以下	アメーバ、鞭毛虫、繊毛虫、ワムシ

▲ミミズ

▲ダンゴムシ

（資料：『土と施肥の新知識』 全国肥料商連合会）

土壌微生物の種類

種類	形状	大きさ（μｍ）	性質	栄養性
細菌	単細胞	0.5 ～ 3	嫌気性	有機・無機
			好気性	有機・無機
放線菌	分枝状菌糸	0.5 ～ 1（菌糸幅）	好気性	有機
糸状菌	分枝状菌糸	5 ～ 10（菌糸幅）	好気性	有機
藻類	単細胞（連結）	3 ～ 50	好気性	無機

細菌

▲桿菌

▲球菌

糸状菌

▲青カビ

放線菌

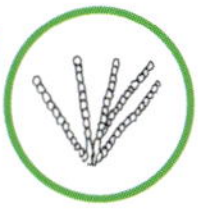

▲直線状菌

▲らせん状菌

藻類

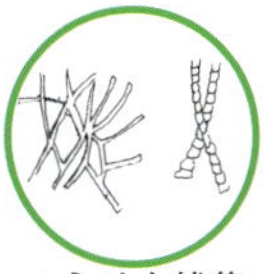

▲らせん状菌

▲緑藻

（資料：『土と施肥の新知識』 全国肥料商連合会）

日本の農耕地土壌図

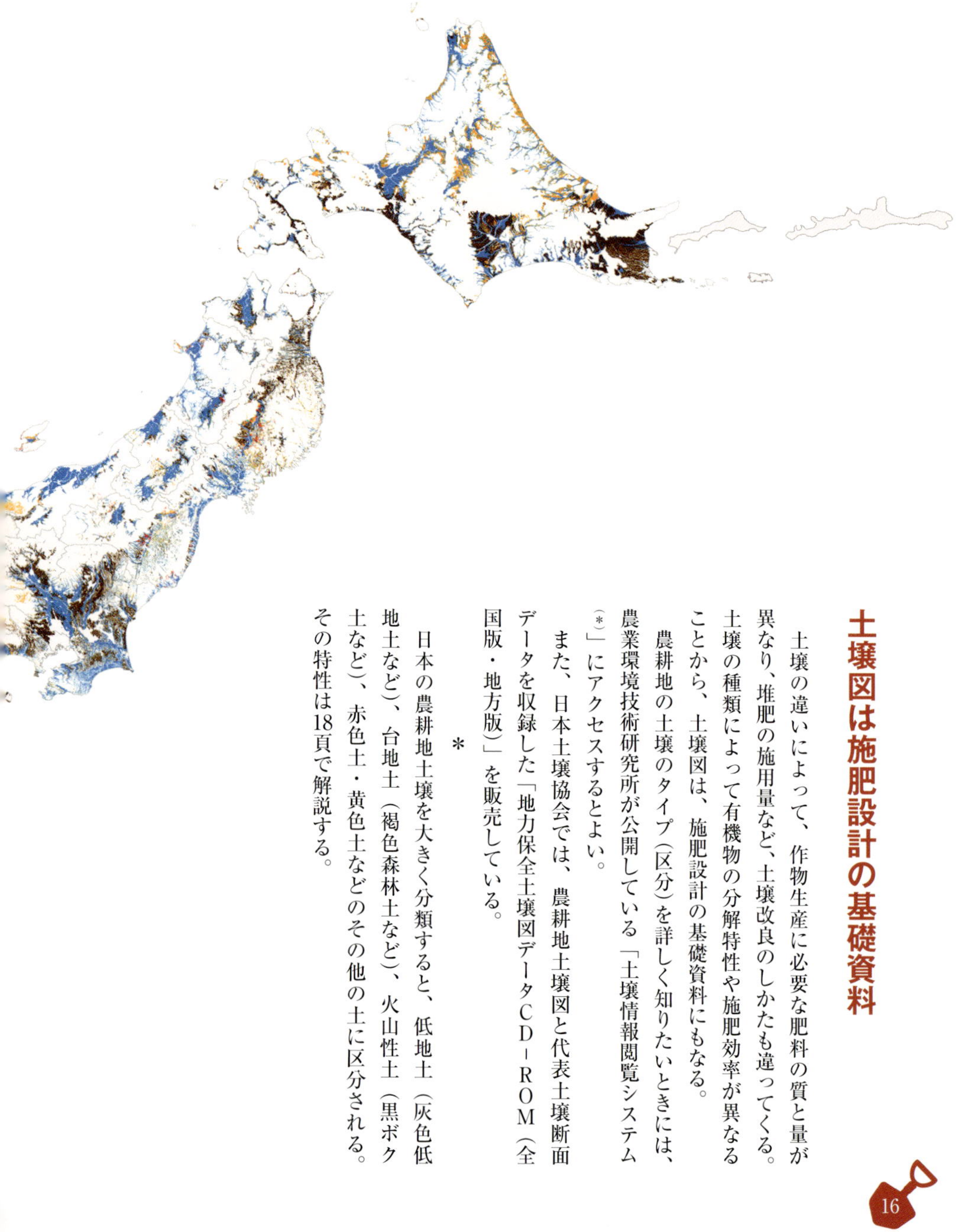

土壌図は施肥設計の基礎資料

土壌の違いによって、作物生産に必要な肥料の質と量が異なり、堆肥の施用量など、土壌改良のしかたも違ってくる。土壌の種類によって有機物の分解特性や施肥効率が異なることから、土壌図は、施肥設計の基礎資料にもなる。

農耕地の土壌のタイプ（区分）を詳しく知りたいときには、農業環境技術研究所が公開している「土壌情報閲覧システム（*）」にアクセスするとよい。

また、日本土壌協会では、農耕地土壌図と代表土壌断面データを収録した「地力保全土壌図データＣＤ－ＲＯＭ（全国版・地方版）」を販売している。

＊

日本の農耕地土壌を大きく分類すると、低地土（灰色低地土など）、台地土（褐色森林土など）、火山性土（黒ボク土など）、赤色土・黄色土などのその他の土に区分される。その特性は18頁で解説する。

土壌の種類

- 低 地 土（灰色低地土、グライ土など）
- 台 地 土（褐色森林土、灰色台地土など）
- 火山性土（黒ボク土など）
- 赤色土・黄色土

＊ＵＲＬ http://agrimesh.dc.affrc.go.jp/soil_db/

（資料：日本土壌協会）

日本のおもな農耕地土壌群

地形に応じた特色ある土壌が分布

日本の農耕地土壌は、変化に富んでいる。次頁の図のように、山地〜丘陵地・台地〜低地にかけて、その地形に応じて、特色のある土壌が分布している。土壌群によって物理性や化学性が異なり、利用のしかたにも違いがみられる。

地形・標高別、おもな土壌群

●山地の土壌

【褐色森林土】　山麓斜面や丘陵地の排水良好な場所に分布。ナラやブナなど落葉広葉樹林下で生成。腐植層の下に褐色のB層がある。傾斜地のため礫《れき》（20頁）も多く、おもに林地となり、一部は果樹園や畑として利用される。林地では腐植の多い暗色の表層をもつが、畑地では腐植が一般的に少ない。

●低山〜丘陵地・台地の土壌

【赤色土・黄色土】　西南日本の低山〜丘陵地に主として分布。シイやカシなど常緑広葉樹林下で生成。土壌B層の色が酸化鉄の色によって赤色や黄色になる。近くに分布するため、あわせて赤黄色土とも呼ばれる。腐植層は発達せず、粘土が多く、かたくて耕起しにくい。一般にカリウムやカルシウムなどの陽イオンが降雨で洗い流され、土壌が酸性化している。西南日本では、果樹園や茶園、野菜畑として利用されている。

【黒ボク土】　関東以北や九州の火山の東側の台地・丘陵の緩傾斜地に広く分布。火山灰を母材として、腐植含量が高く、団粒構造が形成されて透水性や通気性などに優れている。しかし、酸性が強く、活性アルミニウムがリン酸を強く固定するので、作物はリン酸欠乏になりやすい。固定されにくいリン酸の施用や酸性の改良で、優れた畑地土壌に変えられる。日本の畑の約半分はこの黒ボク土が支えている。

●低地の土壌

低地土は沖積土とも呼ばれ、河川上流から運ばれた沖積堆積物を母材としている。

【褐色低地土】　自然堤防など排水良好な地帯に分布。低地では最も地下水位が低く、B層が酸化鉄で褐色を呈しており、野菜畑や果樹園として利用される。

【灰色低地土】　排水性のよい扇状地や平野部の土壌で、灌漑することで水田に利用される。沖積土として地力も高く、田畑転換による野菜づくりも盛んに行われる。

【グライ土】　沖積地の凹地に堆積し、排水不良で還元状態になった青灰色のグライ層をもち、おもに水田に利用。

●その他の土壌

【泥炭土】　泥炭の堆積した排水不良土で、北海道に多く分布する。窒素地力は高いがほかの養分に欠け、物理性も劣る。排水性などの改良で、水田土壌としての機能が改善されてきた。

日本のおもな土壌の種類

地形に応じた土壌の分布

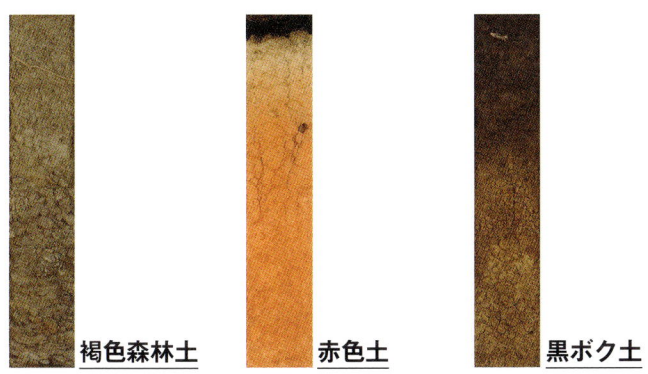

褐色森林土

赤色土

黒ボク土

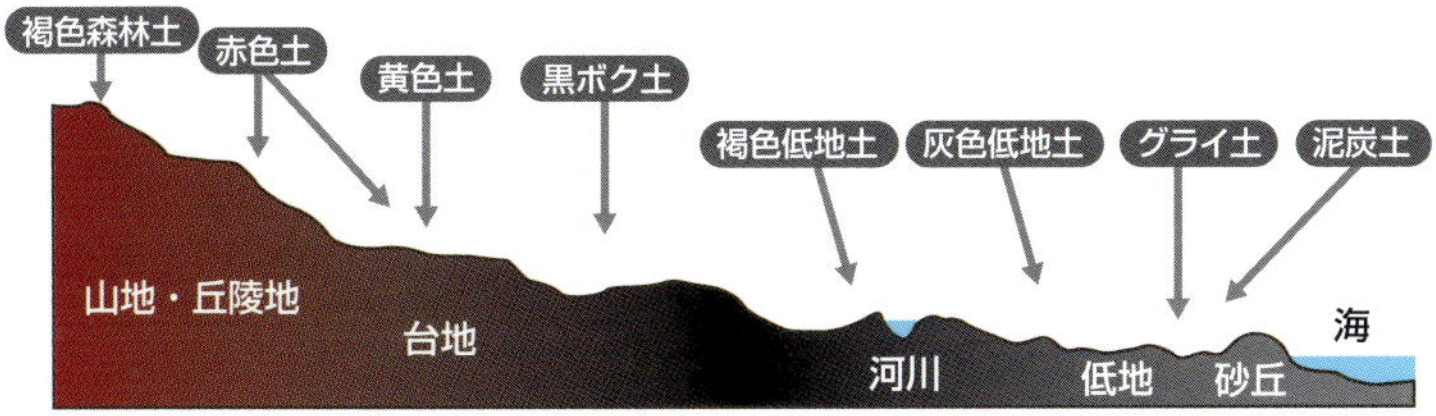

灰色低地土

泥炭土

日本の農地土壌全体に占める割合は、灰色低地土 22%、黒ボク土 19%、グライ土 18%、褐色森林土 9%、赤色土・黄色土 7%、泥炭土 3%

（写真：農業環境技術研究所）
（資料：『土壌診断と作物生育改善』日本土壌協会）

土性区分とその特性

砂・シルト・粘土の構成割合で区分

土壌の大まかな性質を知るめやすとして、「農耕地土壌の分類」（18頁）のほかに、「土性」による区分がある。

土壌は、礫《れき》と粒径が2㎜以下の鉱物粒子が集まってできている。鉱物粒子は、粒径の大きさの区分で、砂、微砂（シルト）、粘土に分けられる。国際法による土壌鉱物の粒径区分を次頁に示した。砂は粒径が2㎜以下、粘土は0・002㎜以下。2㎜以上のものは礫と呼ばれ、土性の分析からは除外されている。

こうした大きさの異なる鉱物粒子の構成割合によって土壌を類別したものを、土性と呼ぶ。土性は礫以外の、砂（粗砂と細砂の和）、シルト、粘土の3者の割合で区分される。これらの混ざり具合で大まかには砂質、壌質、粘質に分かれる。

土性は5区分、最良は「壌土」

砂は粒子が大きく、空気や水の通りをよくする性質をもつが、粒子がバラバラで粘りに欠ける。粘土のような細かい粒子が多いほど土壌は粘り、排水は不良となるが、水分や養分の保持力は高まる。

このように、土壌の粒径組成の違いによって、土壌の物理性や化学性が変わることから、砂や粘土の割合（重量％）がどれくらいかを示す土性は、土壌を診断する際の重要な項目のひとつになっている。

土性の区分は、国際的には砂土から重埴土まで12に分類されているが、日本（日本農学会法）では5つ（**砂土、砂壌土、壌土、埴壌土、埴土**）に分けている。

作物の栽培に適した土壌は、ふつう、砂と粘土をほどほどに含んだ壌土と呼ばれる土性である。この土は、土を耕うんするプラウやロータリーの刃に付着しにくいので、耕うん作業の面でも都合がよい。壌土に次いで作物栽培に適しているのは、壌土より少し粘土の多い埴壌土である。

簡易な土性の判定法

土性を正確に区分するには専門的な分析が必要だが、より簡単に土性を判定するには、親指と人差し指の間に少量の土壌を取り、こすり合わせるやり方がある（乾いた土は少量の水で湿らせる）。ザラザラなら砂土、ツルツルで砂のザラつきがなければ埴土、ツルツルのなかにザラザラも感じる「ツルザラ土壌」なら最良の壌土と判定する。

また、親指と人差し指でつまんだ土壌を、こすり合わせて棒状に固められるかどうかで判定するやり方もある。つくられる棒の細さで、その土が含む粘土の大まかな割合がわかる（次頁）。

土性の区分

土壌に含まれる鉱物の粒径区分（国際法）

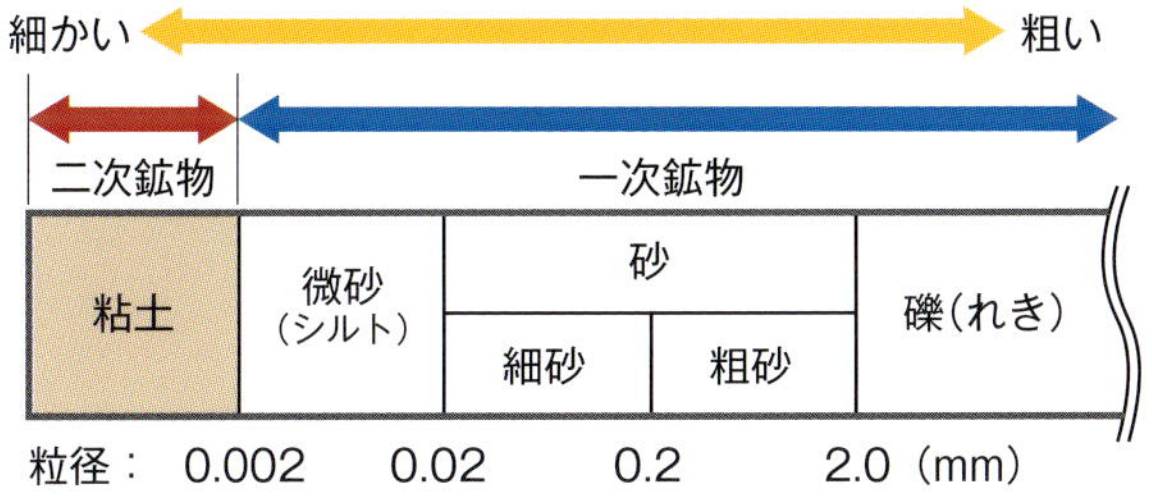

（資料:YANMARホームページ「土づくりのススメ」）

指での触感による土壌の土性判定法

土性	指の感触	水もち	水はけ	肥もち
砂土	ザラザラ	××	○○	××
砂壌土	チョイツル	×	○○	×
壌土	ツルザラ	○○	○○	○○
埴壌土	チョイザラ	○○	×	○○
埴土	ツルツル	○○	××	○○

（資料：『土と施肥の新知識』全国肥料商連合会）

指による粘土と砂の割合の判定

区分	砂土	砂壌土	壌土	埴壌土	埴土
粘土と砂との割合の感じ方	ザラザラとほとんど砂だけの感じ	大部分（70～80％）が砂の感じで、わずかに粘土を感じる	砂と粘土が半々の感じ	大部分は粘土で、一部（20～30％）砂を感じる	ほとんど砂を感じないでヌルヌルした粘土の感じが強い
分析による粘土の割合	12.5%以下	12.5～25.0%	25.0～37.5%	37.5～50.0%	50.0%以上
簡易的な判定法	固めることができない 	固めることはできるが、棒にはできない 	鉛筆くらいの太さにできる 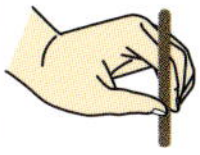	マッチ棒くらいの太さにできる 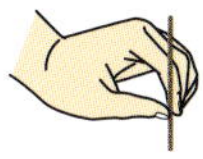	コヨリのように細長くなる 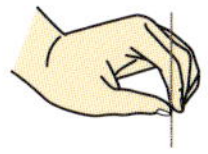

（資料:YANMARホームページ「土づくりのススメ」）

畑と水田にみる土の特徴

畑土壌は地力が消耗しやすい

畑は、おもに山麓や丘陵、台地に分布している。日本では各地に火山があるので、台地部の畑には火山灰土壌が多い。わが国の畑土壌（117万ha）では、黒ボク土（火山灰土）の比率が約半分を占める（次頁）。褐色森林土、褐色低地土、赤色土・黄色土などは鉱質畑土壌（腐植の少ない非火山灰土）と呼ばれ、そうした畑も多い。

畑土壌は、共通して次のような特徴をもっている。

①カルシウムやマグネシウムが少ない土壌が多く、降雨や連作によって酸性化しやすい。

②土壌はつねに空気にふれて酸化状態に保たれるため、有機物の分解が早い。微生物による硝酸化成作用が活発で、窒素肥料は速やかに水に溶けやすい硝酸塩になり、地下浸透や表面流去で窒素分が流亡しやすい。

③畑土壌は、肥料への依存度が高い。酸化状態にあるために水田土壌にくらべて地力の消耗が激しく、灌漑水などによる養分供給も期待できない。

④同じ作物を連続して栽培すると連作障害が起きやすい。

水田土壌はイネの連作を支える

水田は低地の平野部を中心に、日本全土に分布している。水田に利用されている土壌（249万ha）は、灰色低地土とグライ土で7割近くを占める（次頁）。

水田土壌の特徴は、以下のとおり。

①水田では、作土層の下を固めて「すき床」をつくり、水もれを少なくして長期間たん水する。酸素は用水に溶けて供給されるが、土壌表面から数ミリのところまで酸素が届き、赤い色をした酸化層を形成する。酸化層にいる微生物が酸素を消費し、そのすぐ下からは酸素の不足した還元層になる。

②夏季はたん水による還元状態、冬季は落水による酸化状態が繰り返されるため、有機物や鉱物の分解が進み、作物に必要な養分が供給される（還元層では脱窒作用も）。

③水田土壌は、畑にくらべて肥料への依存度は低い。土壌中で鉄と結合して不溶性の形になるリン酸は、たん水した水田土壌では溶け出して水稲に吸収されやすくなる。カリウムやその他の微量要素も水田土壌中に多量に蓄積されているし、灌漑水からの供給もある。水中に生息するラン藻類によって大気中の窒素固定が活発に起こり、水田の肥沃度を維持している。このように水田は、天然養分供給力が高いので、肥料をあまり与えなくても作物が生育できる。

④土壌の酸化・還元の繰り返しで微生物が入れ替わるので、水田には病原菌が集積することは少ない。根に有害な物質も分解され、過剰な養分も流されるため、長いあいだ連作しても、連作障害が出ないという特徴がある。

畑土壌と水田土壌

畑土壌の断面と種類別割合

畑土壌の種類別割合

（117 万 ha、2010）

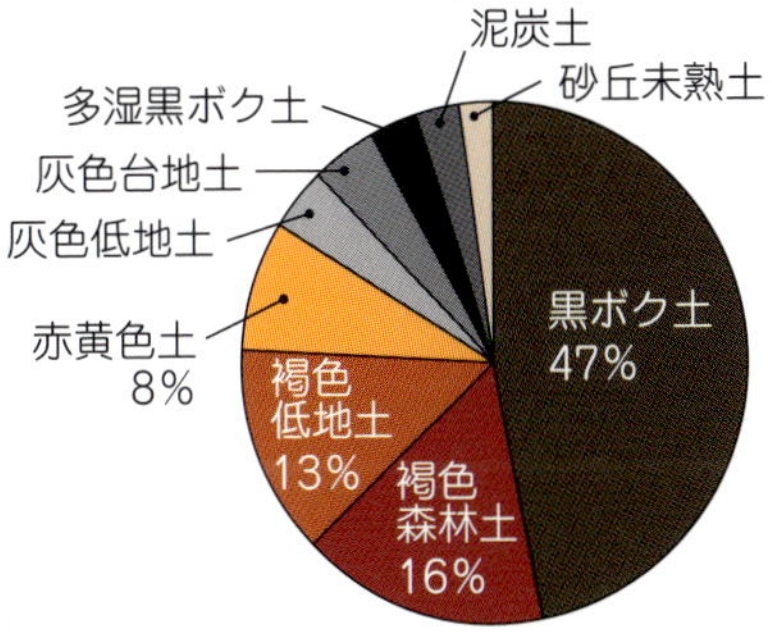

畑土壌の断面図

水田土壌の断面と種類別割合

水田土壌の種類別割合

（249 万 ha、2010）

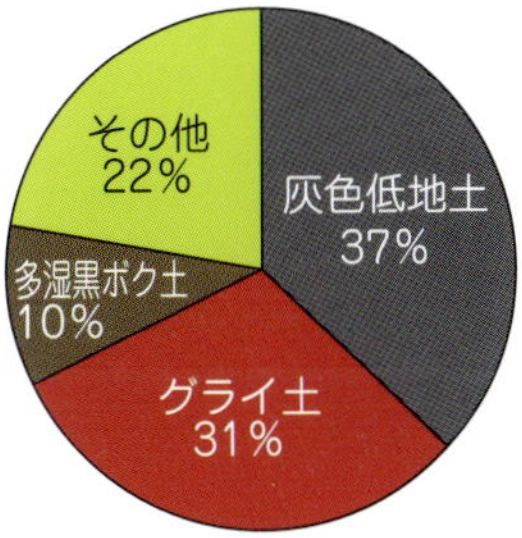

水田土壌の断面図

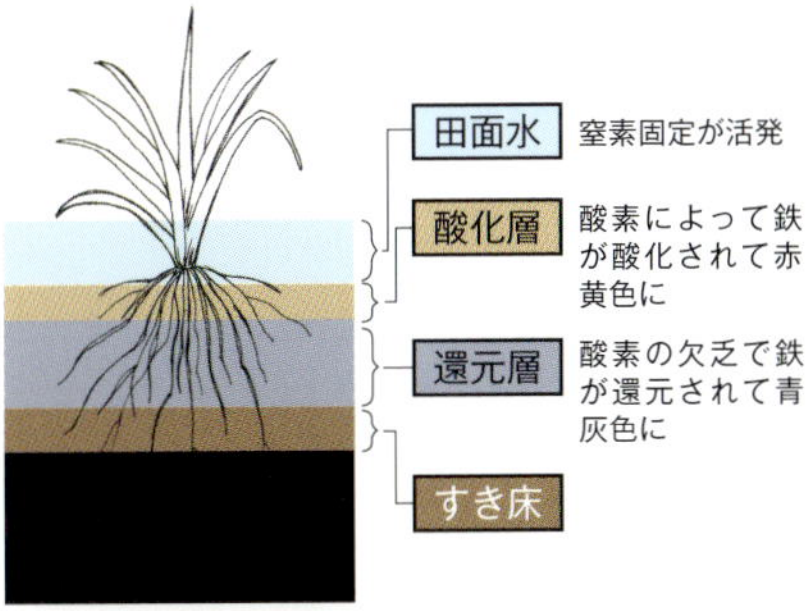

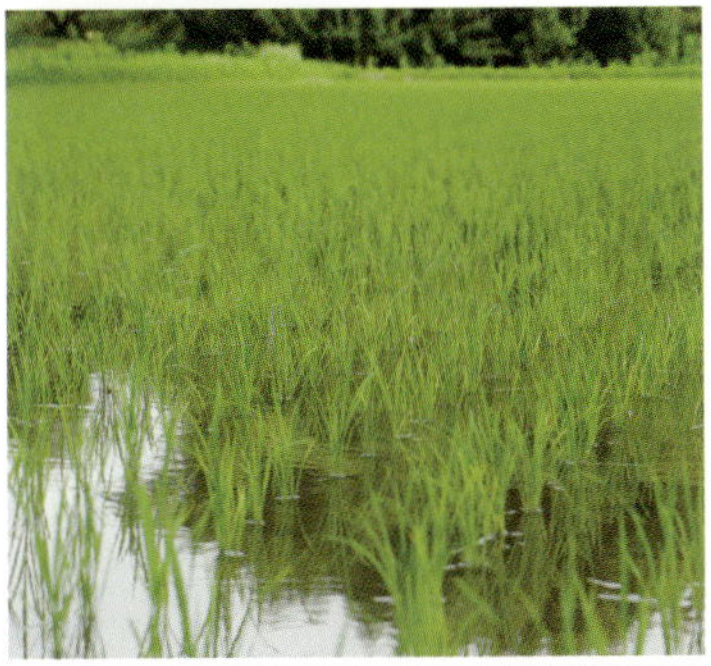

（資料：『栽培環境』農文協、藤原俊六郎『新版 図解 土壌の基礎知識』農文協）

ミミズの恩恵は大きい

「アースワーム」は大切な虫

ミミズは、英語では「アースワーム（Earthworm）」、つまり「地球の虫」という壮大な名前をつけて大事にされ、西欧では古くからその働きが研究されてきた。進化論で有名なダーウィンもそのひとり。

ミミズは、地表の落ち葉の破片などを土のなかに引き込む習性があり、これをエサとして食べるときに同時に土も食べ、腸管のなかを通して排せつする。こうして、有機質の粒子と土の粒子が混ぜ合わされて地上に押し出され、糞のかたまり（糞土）がつくられる（下図）。土は反転・攪拌されて、土のなかに穴があき、すき間ができる。そのため、土のなかに空気が入りやすくなる。同時に、土の排水性もよくなる。

養分も豊かにする働き者

ミミズの糞土は、腸管にある石灰腺の働きによってpH 6程度（弱酸性）にほぼ一定となる。作物の養分からみると、糞土ではリンの量が増える。ミミズは土中を、体表から粘液（アンモニアを多く含んだ尿）を出しながら掘り進むので、土中の窒素も増える。

ミミズの多い土は健康な土だといわれる。働き者のミミズがいるおかげで、土は健康になり、作物もその恩恵を受けているのである。

ミミズによる土の反転作用

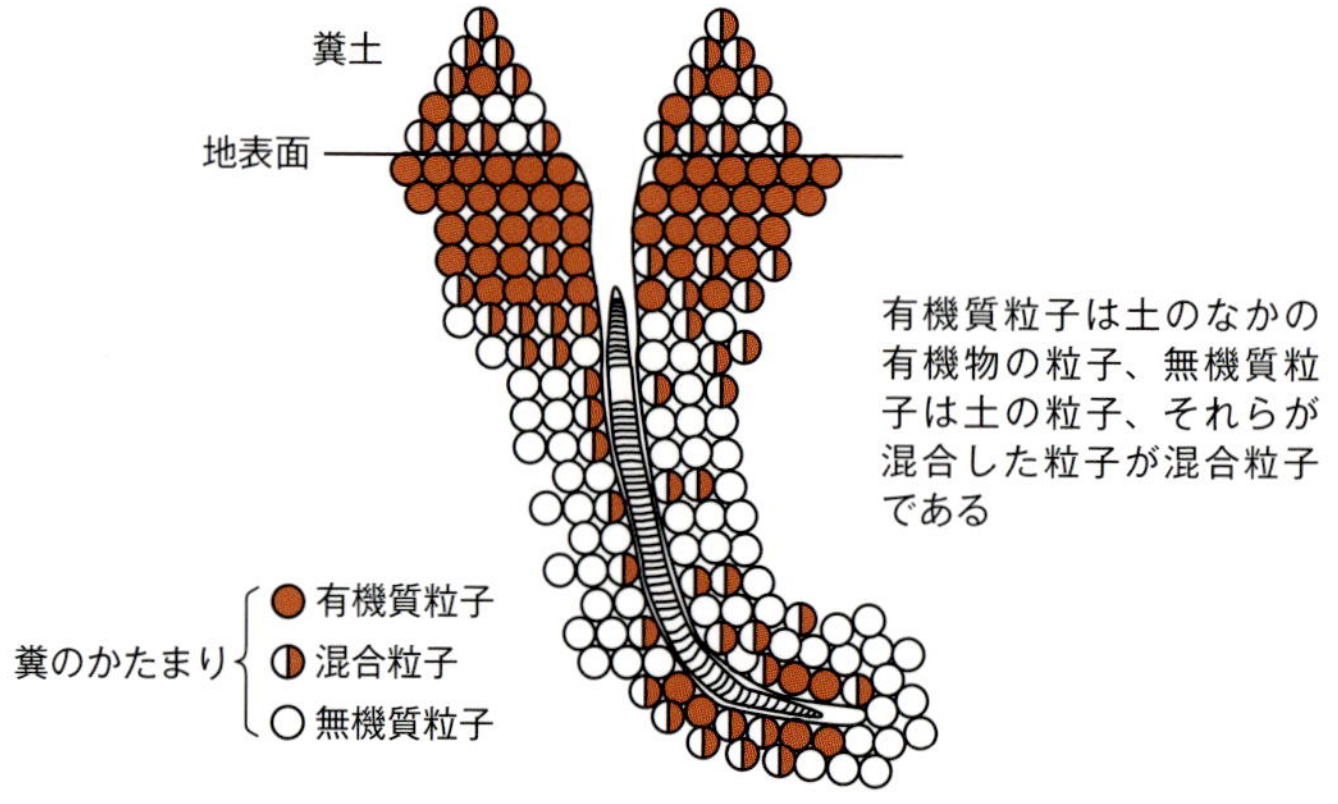

有機質粒子は土のなかの有機物の粒子、無機質粒子は土の粒子、それらが混合した粒子が混合粒子である

（資料：青木淳一『土壌動物学』北隆館）

第2章

作物にとって よい土壌とは

砂浜のようにサラサラな土であれば水は抜けてしまい、根は水を吸うことができない。
土がカチカチの状態に固まっていれば、作物は根を伸ばすことはできない。
よい土壌とは、どのようなものか。その条件をさぐっていこう。

地力のあるよい土壌とは

地力とは、総合的な土壌の生産力

地力とは、作物を生産するうえでの総合的な土壌の能力である。「地力増進法」（１９８４年5月施行、１５４頁）によれば、地力は「土壌の性質に由来する農地の生産力」と定義されている。

つまり、地力の高い土壌とは、作物がよく育ち、生産が持続する土壌のことをいう。根の視点でみれば、「通気性・排水性・保肥力に優れ、土中の空気と水分のバランスやpH（酸性度）が適正で、有機物を適度に含むなど、作物の根が健全に育つ環境をもつ土壌」だといえる。

こうした総合的な能力である地力（土壌生産力）をもたらす要因は、物理的要因、化学的要因、生物的要因の３つに分けることができる。

地力をもたらす3つの要因

【物理的要因】 作物の根を確実に支える作土層や有効土層の厚さ、耕うんの難易、保水力や排水性、風や雨による飛散・流亡に耐える力など。厚くやわらかな土層があり、適度な保水性・排水性があるとよい。

【化学的要因】 養分の保持力や作物への供給力、土壌緩衝力（pH）、酸化・還元力、重金属などの有害物質の有無など。作物に必要な養分を適度に含み、土壌pHが適切な範囲にあるとよい。

【生物的要因】 有機物分解力、窒素固定力、病害虫の抑止力、微生物による有害化学物質の分解力など。土壌有機物（腐植）を適度に含み、土壌微生物の活性が高いとよい。

上記３つの要因は、相互に関連して作物栽培に適した土壌条件をつくる（次頁）。

人の力による地力の増進

人は地力の低い痩せ地をよい土壌へと変える努力を続けてきた。

たとえば、火山性土の黒ボク土は、強酸性でリン酸を強く固定しやすいため、かつては生産力が低かった。しかし、１９６０（昭和35）年から65年（昭和40）年にかけて、土壌の酸性改良とリン酸供給力を一気に高める熔リンの多量施用技術が開発された。これによって、黒ボク土の生産力は飛躍的に高まった。その結果、土が深くやわらかで、保水性・排水性がよいという黒ボク土本来の長所が生かされ、優れた畑土壌として評価されるようになった。

ただし、最近では資材を施用しすぎて、養分過多や高pHになった土壌が増えており、資材の適正施用による持続的な土壌管理が課題になっている。

地力の３要素

地力の構成要素

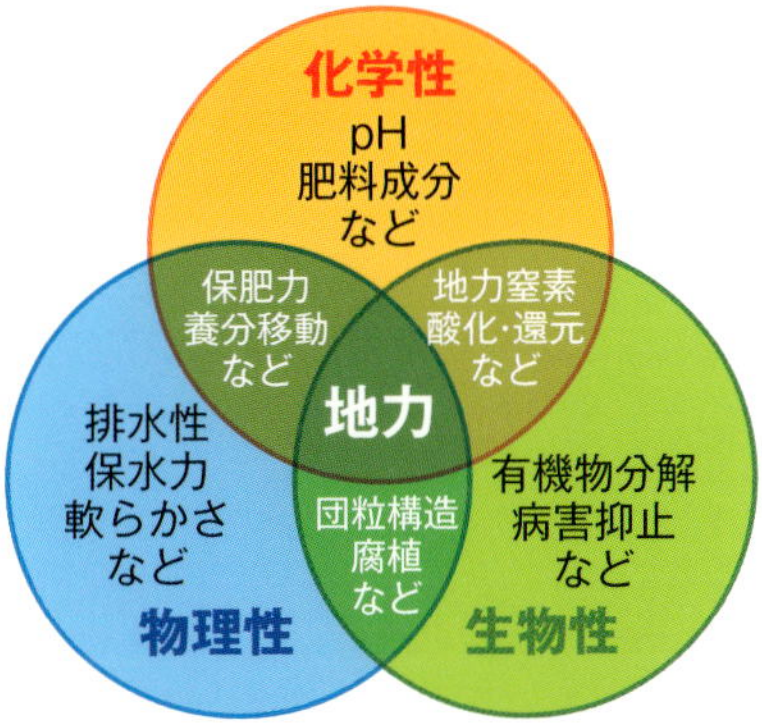

（資料：藤原俊六郎『新版 図解 土壌の基礎知識』農文協）

作物からみた、よい土壌

団粒か単粒か（保水性と通気性）

水もち・水はけを両立させる団粒構造

土壌がフカフカの団粒か、それともコチコチの単粒か。この違いは作物の生長、とくに根の張りに大きく影響する。

作物の生育に水は欠かせないが、過剰にあると根が呼吸できず根腐れを起こしてしまうことがある。

単粒構造とは、砂や粘土などの細かい粒子が均一に組成されている構造のこと。単粒構造の粘土質土壌は、水分が多いとベタベタの粘土状態、乾燥するとカチンカチンの塗り壁状態になる。砂質土では排水性はよいが保水力はほとんどなく、いつも水をやらないと作物が育たない。また砂質土では粒子がバラバラで結合力が弱く、土壌侵食を起こしやすい。

土壌にほどよく団粒構造がつくられていると、保水性があり水はけもよい、作物に適した土壌環境がつくられる。土壌の水もち（保水性）と水はけ（透水性）は一見相反する性質のようだが、団粒構造の土壌はこれを両立できる。土壌が団粒化すると、土壌中のすき間が多くなるので、水はけや通気性がよくなるとともに、団粒の微細なすき間に含まれる水によって、水もちもよくなる。

団粒ができるしくみ

土壌粒子（粘土）が有機物の力によって結合したものを「有機・無機複合体」という。接着剤となる有機物には、腐植物質、微生物の出す多糖類などの代謝産物や粘質物などがある。

この有機・無機複合体が結合しあって一次団粒（ミクロ団粒）がつくられる。この一次団粒が集まり、砂やシルトなどの大きな土壌粒子や、堆肥などの粗大有機物、カビの菌糸のような微生物体とも結合して二次団粒（マクロ団粒）がつくられる。こうして団粒が安定して形成されると、土壌にすき間が増え、保水性、排水性、通気性を適度に維持するほか、土壌侵食・クラスト（雨粒の圧力でかたく目詰まりした表土の状態）の発生を防ぐ力も高めてくれる。有機・無機複合体として強い一次団粒ができると、水のなかでも崩れずに安定して存在する「耐水性団粒」となり、これが団粒の安定性の指標になる。

団粒をつくる有機物の施用

単粒構造の土壌を団粒化して、保水性や通気性（透水性）をよくするには、どうすればよいか。

透水性の悪い【重粘土壌】には、砂と有機物を加える。

保水性の悪い【砂質土壌】には、粘土と有機物を加える。

どちらも、土壌の団粒化には、有機物の投入がポイントとなる。耕地への有機物の施用は土壌微生物の代謝産物を増やし、耐水性団粒の生成促進に効果的である。

団粒と単粒の違い

団粒構造と単粒構造

団粒構造の土壌（右）は保水性・通気性がよく、根の張りがよい

団粒化の模式図

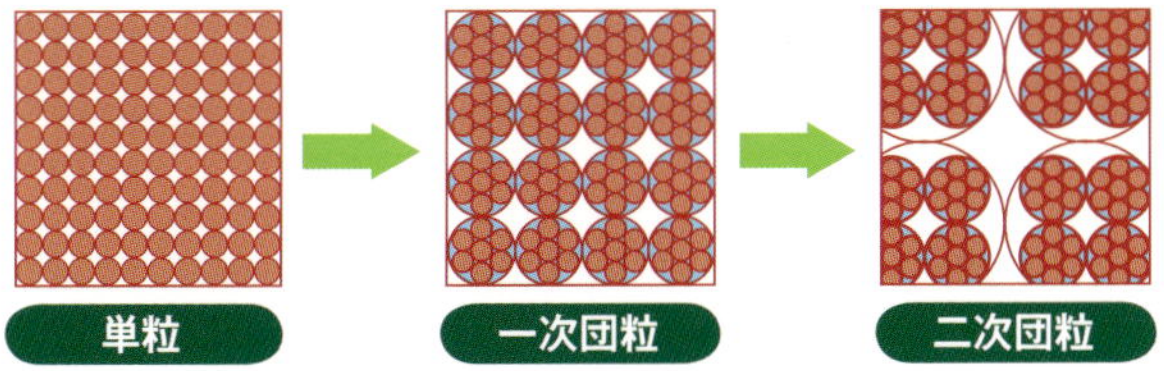

団粒化が進むと、土壌にすき間が増える

団粒構造のしくみ

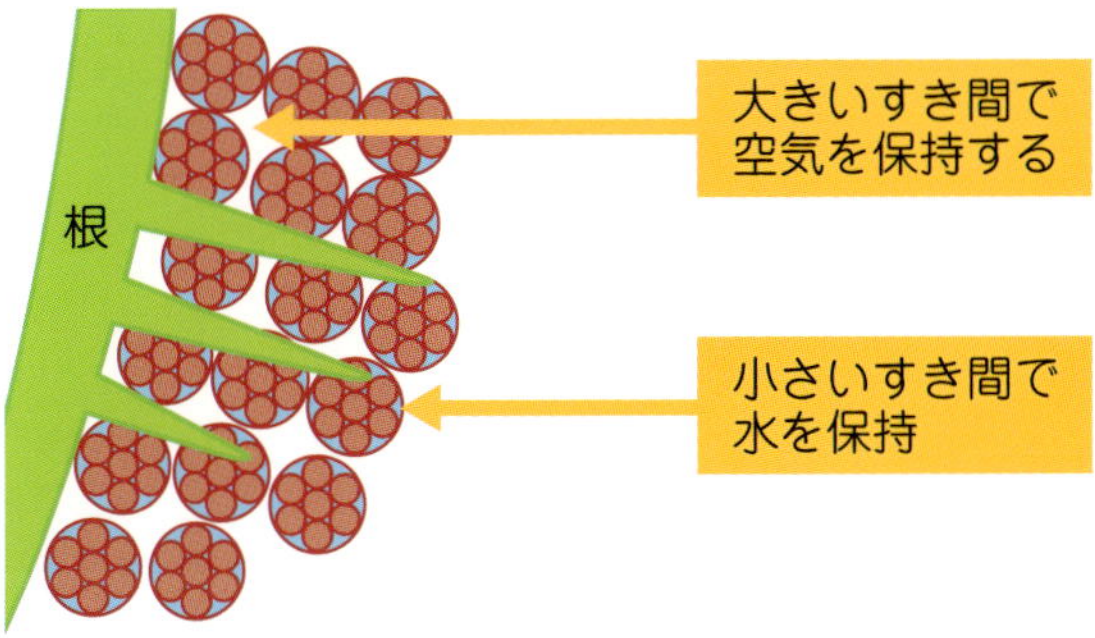

大小の孔隙（すき間）に、空気と水を保持できる

土の保肥力（胃袋）の大きさは

胃袋の大きさ＝陽イオン交換容量（CEC）

土壌が肥料養分を吸着できる能力を、一般的には「肥《こえ》もち」といい、土壌学では「保《ほ》肥力《ひりょく》」という。土壌中で養分を直接蓄える成分は、粘土成分である粘土鉱物と腐植で、間接的には土壌微生物や有機物も関与している。

粘土鉱物や腐植は、微小な土壌粒子で、通常はマイナスの電気を帯びており、陽（プラス）イオンを引き付ける力をもっている。肥料や土壌改良資材として土壌に施用される養分のうち、窒素（アンモニア）、カリウム、カルシウム、マグネシウムは水に溶けて陽イオンとなり、マイナスに荷電した土壌粒子に吸着され、雨や灌水で流亡しにくくなる。

土壌粒子が陽イオンを吸着できる最大量を、「陽イオン交換容量」といい、「塩基（陽イオン）置換容量」ともいう。英語名の頭文字からCECと呼ばれる（次頁）。CECは、たとえれば養分を受け入れる土壌の胃袋である。CECが大きいほど土壌はたくさんの肥料養分を保持することができ、養分が作土から流れ出すのを防いで肥効が持続する。

CECの大小は、どう決まるか

土壌のCECは、基本的に、土壌に含まれる粘土の量と種類、および腐植の含有量に左右される。

そのため、①粘土の多い土壌（埴土）は高く、砂の多い土壌（砂土）は低い。②腐植の多い土壌は高く、少ない土壌は低い。③粘土鉱物の種類でもCECの大小は違ってくる。

粘土鉱物には、永久磁石のように、どんな場合でも変わらずに強い吸着力（保肥力）をもつ種類（2：1型粘土鉱物のモンモリロナイトなど、日本には少ない）と、電磁石のようにパワーが変化する種類（1：1型粘土鉱物、日本に多いハロイサイトなど）がある。

ハロイサイトや黒ボク土中のアロフェン、さらには腐植にも「永久陰電荷」はなく、すべて「pH依存性陰電荷」をもつ。したがって、土壌のpHが下がると保肥力が小さくなり、pHが高まると大きくなる。畑で酸性改良が必要な理由のひとつがここにある。

保肥力を高めるには

CECを大きくするには、粘土鉱物（ゼオライトなど）の施用と、堆肥などの有機物を施す方法がある。粘土鉱物で短期間に実効を上げるにはかなりの量が必要で、有機物から腐植を増やすのも長い年月がかかる。

しかし、CECの数値にはすぐに現れなくても、堆肥などを施用すると、物理的に保水力が向上し、水に溶けた肥料も保持されやすくなり保肥力が高まることが期待できる。

CECは保持できる養分の量をあらわす

陽イオン交換容量（CEC）の概念図

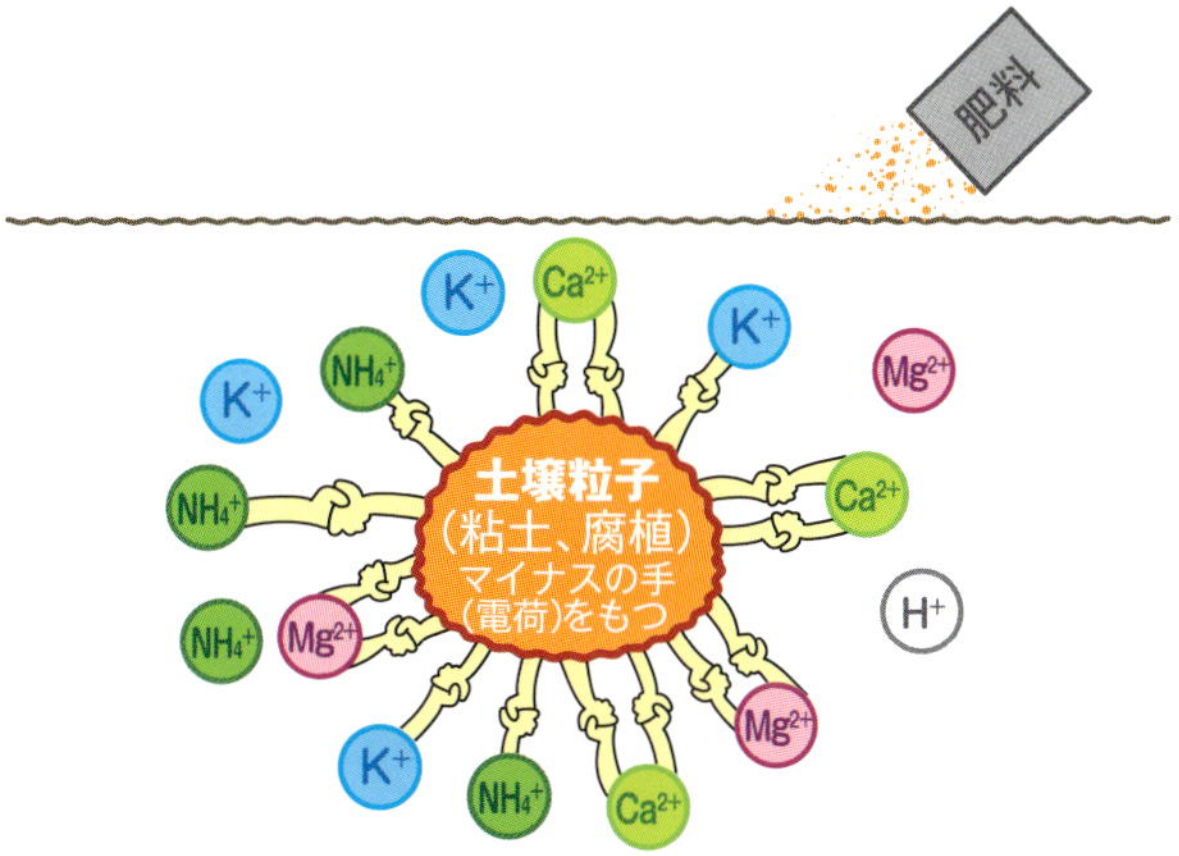

- 陽イオン交換容量とは、土壌 100g 中のマイナスの手（電荷）の数。
  図の例では 15（meq ／ 100g であらわす）。
- Ca^{2+}（石灰）、Mg^{2+}（マグネシウム）＝ 2 価のイオンには 2 本の手が必要。
- K^{+}（カリウム）、NH_4^{+}（アンモニア）＝ 1 価のイオンには 1 本の手が必要。
- 必要な CEC（Cation Exchange Capacity）のめやすは、15 ～ 30（30 を超えても問題はない）。

（資料：藤原俊六郎『新版 図解 土壌の基礎知識』農文協）

CEC の大小

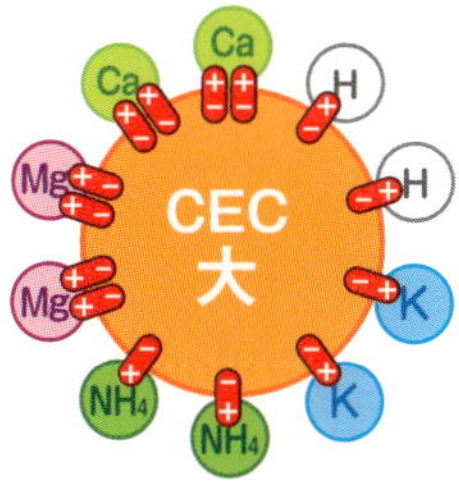

CEC ＝ 14meq/100g

多くの陽イオンを保持できる
（容量が大きい）

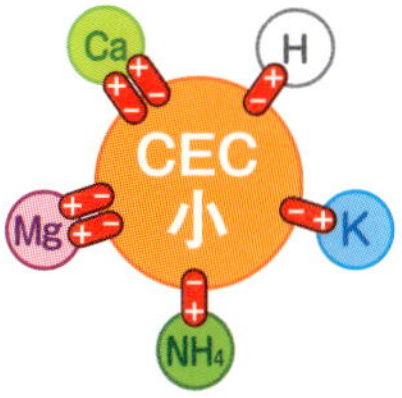

CEC ＝ 7meq/100g

保持できる養分が少ない
（容量が小さい）

（資料：YANMAR ホームページ「土づくりのススメ」）

CEC の数値は、32 頁で述べる土壌の「塩基飽和度」の診断の分母となる重要なものだが、測定は専門の分析機関に依頼する。

塩基飽和度（土の満腹度合い）とは

土も「腹八分」が健康

「塩基飽和度」とは、土壌の胃袋ともいえる「陽イオン交換容量（ＣＥＣ）」に、どのくらいの割合で食べものとしての交換性陽イオン（塩基）が保持されているかを示したもの。この塩基飽和度は、カルシウム（Ca^{2+}）とマグネシウム（Mg^{2+}）とカリウム（K^{+}）の割合の合計で示され、水素イオン（H^{+}）やナトリウム（Na^{+}）などは除かれる。

次頁上の模式図は、塩基飽和度が低い土壌と高い土壌をくらべたもの。どちらも胃袋の大きさ（ＣＥＣ）は同じ（14meq）だが、保持する食べものの割合が違い、塩基飽和度を計算すると、低いほうは約36％、高いほうは約71％となる。

この％の値から、土の健康度合いはどう判断できるのか。40％以下の土壌は、栄養失調。40～60％は空腹の状態。60～80％が適正な状態だと診断される。人間でも「腹八分目」がよいといわれるように、土壌でも塩基飽和度は80％程度が健康だとされている。80％を超えるとメタボの肥満が進み、１００％以上では胃袋がパンク状態で、土壌溶液の濃度が濃くなり、根に濃度障害を起こす状態である。

養分バランスにも注意

人間でも食べものの栄養バランスが大切なように、土壌の胃袋でも交換性塩基の量的なバランスに配慮する必要がある。一般には、カルシウム：マグネシウム：カリウムの比として、５：２：１（当量比）がよいとされている。

最近の野菜畑やハウス土壌では、連作するなかで石灰質資材が過剰に施用されて、塩基飽和度が１００％を超える圃場も珍しくない。またカリウムが過剰な畑も多く、そのため作物に苦土（マグネシウム）欠亡が生じやすい。カリウムが多量にあると、カルシウムの吸収も抑えられる。肥料要素の間には拮抗作用があることに注意しなければならない。

pHと塩基飽和度の関係

塩基飽和度とpH（土壌の酸性度）には密接な関係がある。pHが低いほど塩基飽和度も低い値を示し、pHが高いほど塩基飽和度が高くなる。腹八分目の塩基飽和度80％の状態で、土壌のpHはおよそ６・５の弱酸性となり、適正な範囲におさまる。飽和度が１００％を超えるとpHも7を超えてアルカリ化が進む。

塩基飽和度やその分母となるＣＥＣの本格的な診断は、年に１回、専門の分析機関に依頼することが必要である。

簡易な分析法として、自分でpHを測定すれば、土壌の養分状態（飽和度）が推定できる。土壌のＥＣ（電気伝導度）の測定と合わせた「簡易診断法」を次章で紹介する。

保持する塩基の違いでCECは変化する

塩基飽和度の違い

栄養失調の土壌

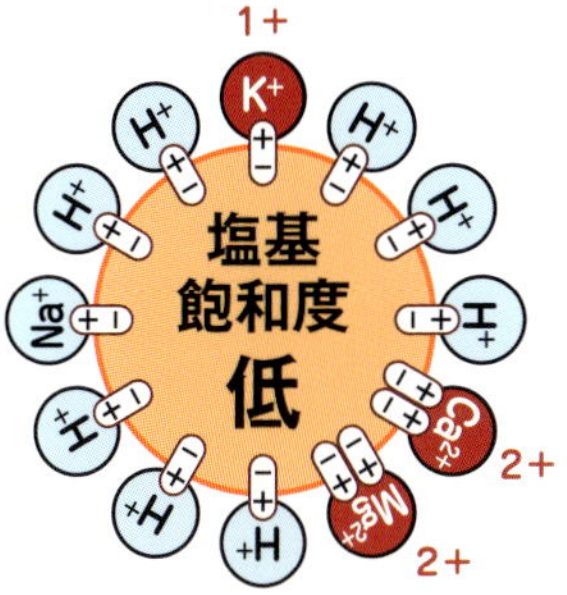

CEC＝14meq/100g

Ca 飽和度＝$\frac{2}{14}$ ――― ①

Mg 飽和度＝$\frac{2}{14}$ ――― ②

K 飽和度＝$\frac{1}{14}$ ――― ③

塩基飽和度＝$\frac{5}{14}$×100=35.7%
(①＋②＋③)

適正範囲の土壌

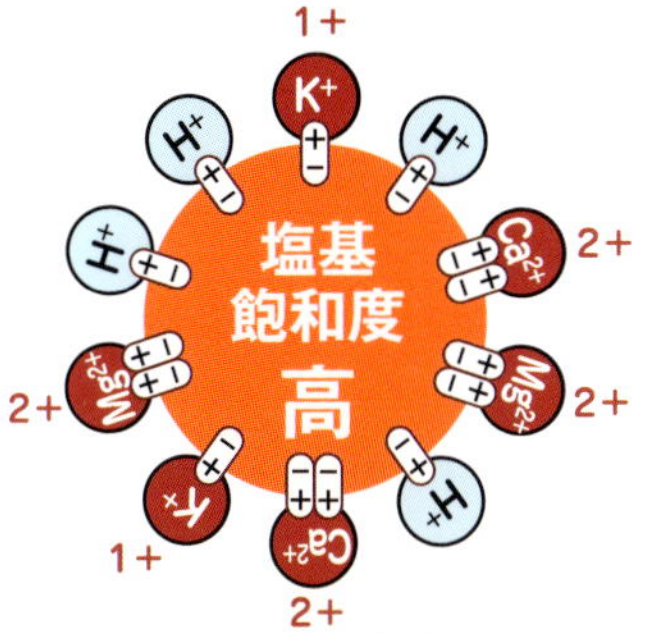

CEC＝14meq/100g

Ca 飽和度＝$\frac{4}{14}$ ――― ①

Mg 飽和度＝$\frac{4}{14}$ ――― ②

K 飽和度＝$\frac{2}{14}$ ――― ③

塩基飽和度＝$\frac{10}{14}$×100=71.4%
(①＋②＋③)

（資料：YANMAR ホームページ「土づくりのススメ」）

養分の拮抗作用にも注意を（肥料要素間の相互作用）

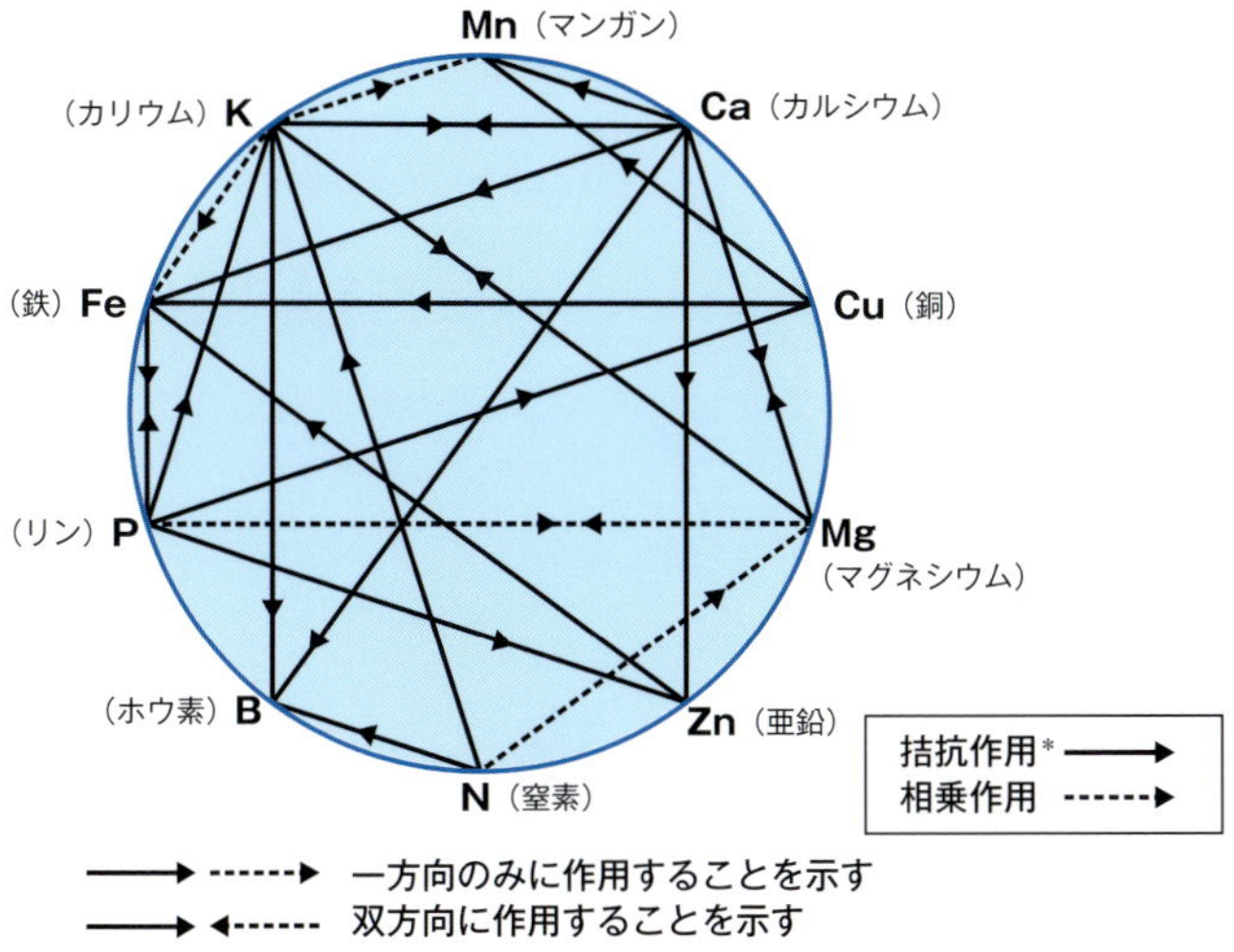

*ほかの要素の吸収を妨げる作用。たとえば、カリウムとカルシウム、マグネシウムはそれぞれお互いに拮抗作用があるので、どれかが過剰だと、ほかの2つの要素の吸収を妨げる（46頁）。

土を掘ってみよう

「根っこ」の気持ちになって自力で掘る

土壌の診断は「穴掘り」からはじまる。表層土（作土）の厚みとやわらかさはどのくらいか。下層土（心土）はどんな色とかたさか。土がかたければ、作物は根を伸ばすのに苦労するだろう。作物の根っこの気持ちになって穴を掘ることが大切だ。自分で額に汗して穴を掘ることで、土への親しみも増してくる。穴を掘る時期は、作物の根の状態もみられる収穫直後がよく、太陽を背中に受けるようにして断面の壁をつくる。下の図は本格的な大きさのもので、最初は50cmの深さでもよい。

断面を観察する

用意する道具は、先の尖ったシャベル、園芸用の移植ゴテ。掘りはじめたら、楽に掘れるかどうかを確認。作土と心土を左右に分けて積み、掘り終えたら、移植ゴテで断面を垂直に削る。土色の違い、根の伸び方、礫の存在などを調べて、土壌断面の写真をとっておきたい（巻尺などのスケールを入れて）。

本格的な土壌診断では断面からいろいろな情報をつかむが、初歩の段階では、少なくとも、作土の厚さ、砂土か粘土質かといった土性、作物の根の量と分布、心土のかたさ、土壌内の湿り具合をよくみておきたい。

土の断面のつくり方

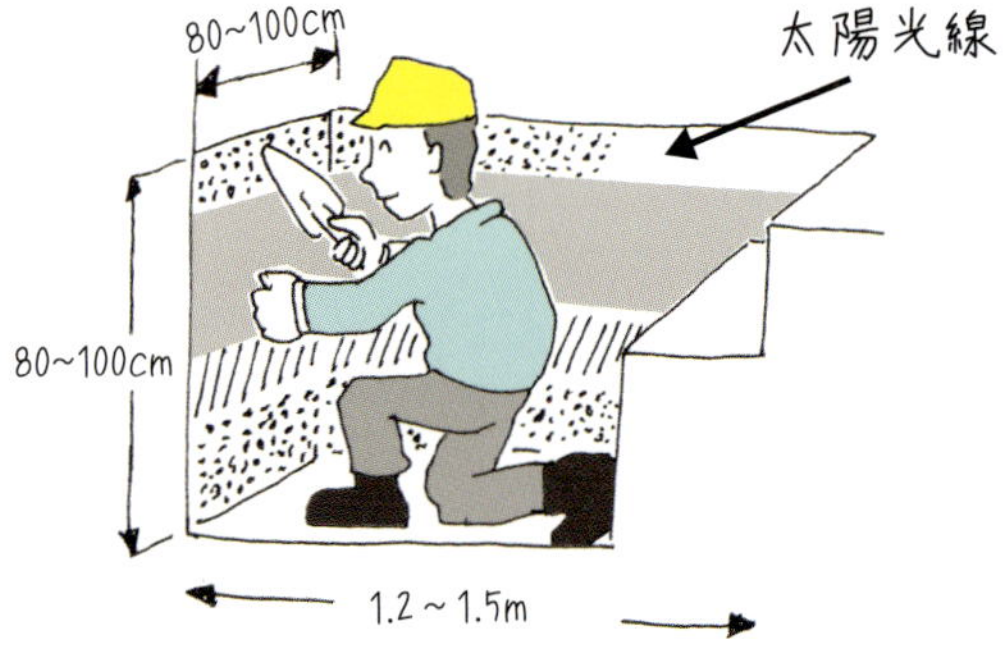

（資料：北海道立中央農試・北海道農政部農業改良課「土壌および作物栄養の診断基準」）

第3章

簡易土壌診断法

土をよくしていくために、いまの状態を調べるのが、土壌診断だ。
本格的な土壌診断は、分析機関で調べてもらうことが必要だが、
市販のキットを使って自分で診断することもできる。
おおまかに土の状態を知ることで、土づくりの方向性がみえてくる。

自分でできる土壌診断、pHとEC

pHとECの測定で土壌養分がわかる

土壌の健康度を総合的に分析する本格的な土壌診断は、1年に1回でも、専門的な分析機関に依頼するのがよい。農家の間では、地域の分析機関にサンプルをもち込んで土壌診断を受けることが多くなっている。

農家や家庭菜園愛好家が、日常的に土のなかの養分状態をつかみたいときは、もっと簡易にできる土壌診断法がある。それは、pH（酸性度）とEC（電気伝導度）を測定する方法で、この2つだけでも養分の状態をある程度類推できるようになる。

人間の健康診断にたとえると、pH測定は体温測定、EC測定は血圧測定である。ECはあまりなじみのない指標だが、人間でも塩分を多く摂ると血圧が上がるように、土壌溶液中に肥料中の塩類（とくに窒素成分としての硝酸塩）が多くなるとECが高まる。pHやECの高低と作物との関係は次節以降でくわしく紹介するとして、まずは、実際の畑にはどんなタイプがあるのかを見てみよう（次頁）。

「超熱心派」に多い「高pH・高EC型」

畑の土壌（とくに家庭菜園の土壌）で、だめなタイプとして多いのは、次の2つである。「低pH・低EC型」（つまり低体温・低血圧型）と、「高pH・高EC型」（高体温・高血圧型）の不健康土壌である。

「低pH・低EC型」は、栄養失調のやせ型で、土壌の酸性改良もやらず肥料もあまり与えない「超無関心派」に多い。

「高pH・高EC型」は、肥満型で、酸性改良が大事だと植え付け前ごとに炭カルを真っ白にまき、肥料も基肥や追肥でどっさり施す「超熱心派」に多いケース。

このほか「低pH・高EC型」「高pH・低EC型」の土壌も、バランスがくずれているという点で不良土壌である。図にそれぞれの原因と対策を紹介した。

「高pH・高EC型」や「低pH・高EC型」は、肥料が過剰にたまっており、たん水除塩やトウモロコシなど除塩作物の輪作で、過剰な養分を減らす必要がある。

よい土への出発点はpHとECの測定から

土壌を調べて、養分が少なければ増やし、多ければ減らす。土壌の物理性（保水性・排水性など）の改善には時間がかかるが、土壌の酸性度や養分の問題は、すぐに対策を施せば解決は早い。

よい土づくりのスタートは、pHとECの測定からはじまる。この測定には、コンパクトな計測器が市販されているので、常備しておきたい。

簡易土壌診断のススメ

土壌診断でわかること（健康診断にたとえて）

健康診断		土壌診断		
項目	備考	項目	適正値	備考
体温	微熱があると食欲がなくなる ぐったりする	pH	5.5 ～ 6.5	土壌の酸性度をあらわす。野菜は弱酸性が適するものが多い。pH5 以下、7 以上では養分を吸収しにくくなる
血圧	塩分の摂りすぎ、酒・たばこなどで上がる	EC	0.1 ～上限値	土壌の塩類濃度、硝酸態窒素濃度のめやす
年齢	若さの指標	有効態リン酸	20 ～ 50mg/100g	未耕土には、ほとんどない。リン酸肥料や堆肥の連用で増加する。栽培歴が古いほど多くなる
胃の大きさ	育ち盛りの子と老人では食べる量が違う	陽イオン交換容量（CEC）		土壌の石灰、苦土、カリなどの陽イオン（肥料分）を保持する能力の大きさをあらわす。土壌によってほぼ決まった値であるが、堆肥などの施用によって少しずつ大きくなる
栄養摂取量バランス	腹八分目が健康によい 炭水化物、タンパク質、脂肪をバランスよく摂る	塩基飽和度	60 ～ 80%	CEC に対して石灰、苦土、カリの飽和度（満腹度）を示す
		石灰／苦土比 苦土／カリ比	3 ～ 6 2 ～ 4	石灰と苦土、苦土とカリのバランスも土にとっては重要

（資料：大分県「主要農作物施肥及び土壌改良指導指針（平成 23 年 3 月）」）

悪い土壌の 4 つの型（原因と対策）

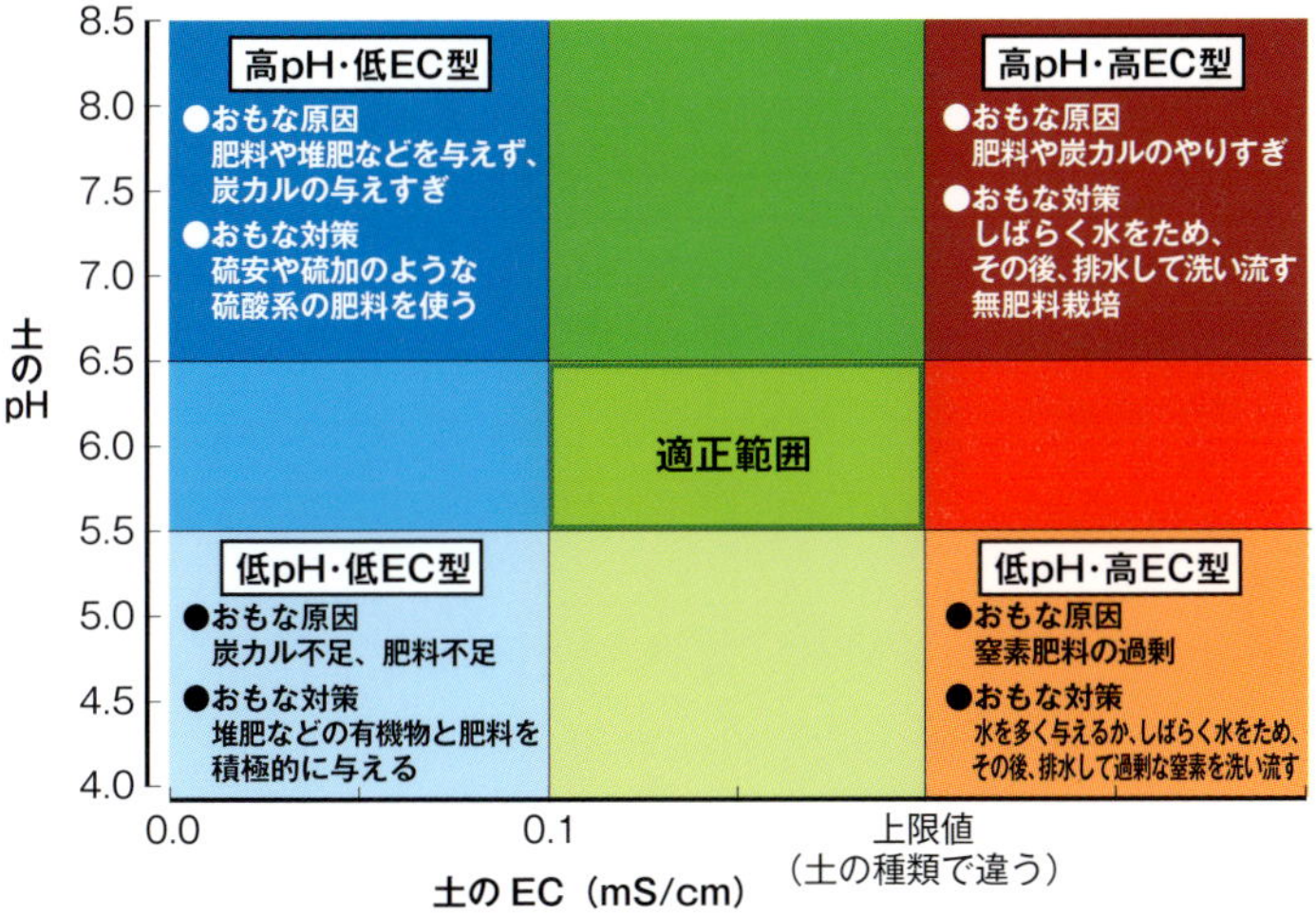
高pH・低EC型
●おもな原因
肥料や堆肥などを与えず、炭カルの与えすぎ
●おもな対策
硫安や硫加のような硫酸系の肥料を使う
高pH・高EC型
●おもな原因
肥料や炭カルのやりすぎ
●おもな対策
しばらく水をため、その後、排水して洗い流す
無肥料栽培
適正範囲
低pH・低EC型
●おもな原因
炭カル不足、肥料不足
●おもな対策
堆肥などの有機物と肥料を積極的に与える
低pH・高EC型
●おもな原因
窒素肥料の過剰
●おもな対策
水を多く与えるか、しばらく水をため、その後、排水して過剰な窒素を洗い流す
土のpH
8.5
8.0
7.5
7.0
6.5
6.0
5.5
5.0
4.5
4.0
0.0
0.1
上限値
（土の種類で違う）
土の EC（mS/cm）

注 1.　ECの単位 mS/cm の mS はミリジーメンスと読む、ミリは 1,000 分の 1 を示す。
注 2.　ECの適正値は、下限値の 0.1 から上限値までの範囲。上限値は土の種類で違い、粗粒質土（砂質）0.4、中粒質土 0.7、細粒質土（粘質）0.8。
注 3.　土の適正pH範囲（5.5 ～ 6.5）は、普通の植物が最も好む範囲。

（資料：松中照夫『土は土である』農文協）

pH（体温）は高いか低いか

pHの好適範囲は、やや酸性側にある

pH（土壌の酸性度）は人間でいうと体温にあたり、その測定は、土壌診断の基本中の基本である。pHは、土壌溶液中の水素イオン（H^+）濃度の指標で、0から14までの値で示され、7が中性、7未満は酸性、7を超えるとアルカリ性である。32頁でふれたように、pHは塩基飽和度（胃袋の満腹度）と密接な関係があり、80%（腹八分）でpHは6・5程度になる。

わが国で作物を栽培する土壌の好適pHは、5・5〜6・5の範囲で、やや酸性の側に設定されている（地力増進法による普通畑の改良目標値は6・0〜6・5）。これは、日本では土が酸性側に傾きやすいため、やや酸性側でよく育つ作物が選ばれてきたこともその理由である。

次頁の作物別好適pHの表をみると、そのほとんどが5・5から6・5の間にあり、イネやサツマイモ、ソバ、ヤマノイモ、バレイショなど、さらにはクリもチャ（茶）も酸性が好きな作物である。ただし、5・5以下の酸性土壌になると、いろいろな問題も起きてくることに注意しなければならない。

土の酸性化はなぜ悪いのか

【土壌養分に影響】 pHは、次頁の図のように、土壌養分の溶解性（効き方）と大きく関係している。図の帯が細いところは肥料養分の溶解性が悪いことを示している。pHの低いほう、高いほうでは、ほとんどの養分の効きが悪いことがわかる。

ただし、鉄やマンガンは酸性側で水に過剰に溶け出して作物に悪影響を与える。さらに、肥料養分ではないのでこの表には出ていないが、アルミニウムはpH5以下の強酸性になると急激に土壌溶液に溶け出し、作物の根の生長を阻害して酸性障害をもたらす。また、アルミニウムや鉄が過剰な土壌は、リン酸の効きが悪い。

【微生物に影響】 土壌微生物の代表格の細菌（バクテリア）や放線菌（難溶性有機物を分解、土のにおいをつくる）は、pH5・5より酸性になると活力が低下する。こうなると、土壌に入れた有機物の分解が遅れて、作物に有効に働かない。

まずはしっかりpHの測定

雨の多い日本（雨のpHは5・6程度）では、土壌の酸性化はさけられない。また、化学肥料にも酸性化を進めるものがある。まずは土壌のpHを調べること。酸性改良が必要だといっても、中性の7に近い土壌が好適なのは、ホウレンソウぐらいのもの。

pHも調べずに、石灰資材を多給することは、不健康な土壌をつくってしまうことになる（調べ方は40頁）。

日本の土壌の好適pHは？

pHと肥料養分の溶解性（溶け方）

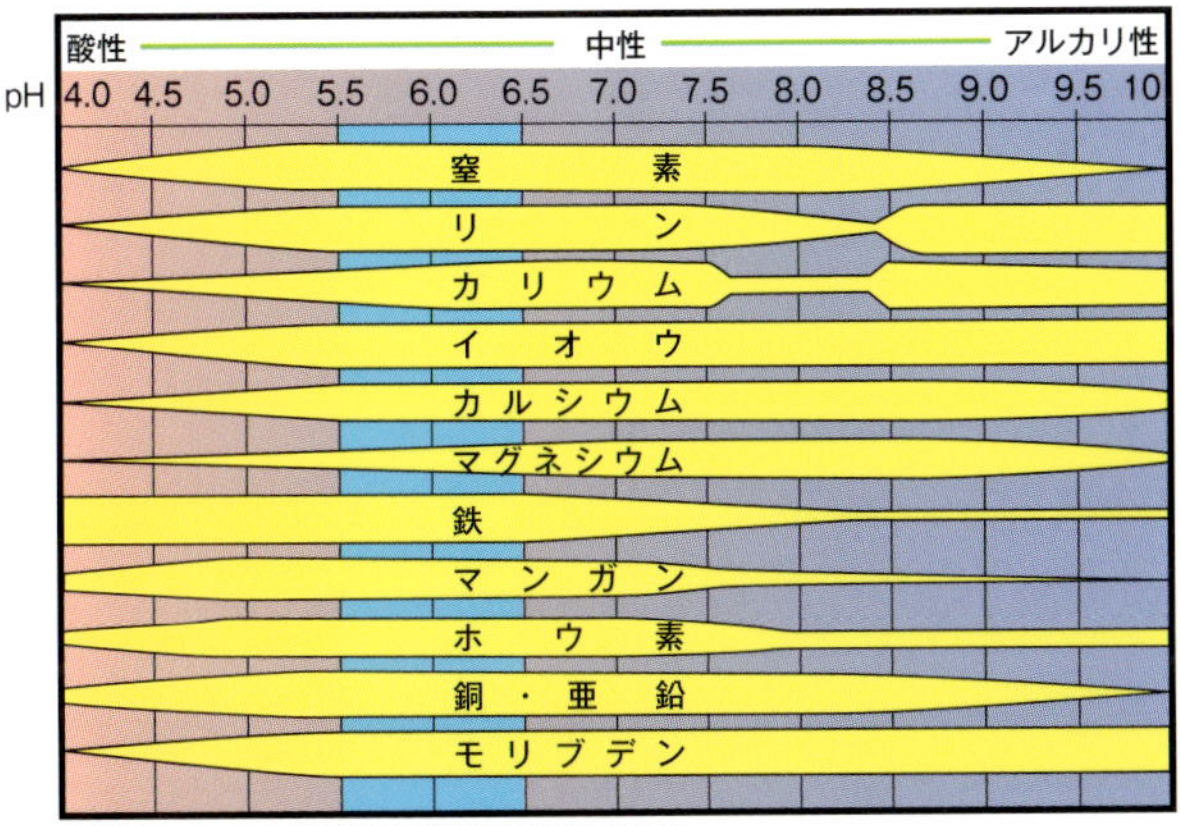

幅が広いところほど養分が植物に利用される
色の部分が多くの植物に適する

作物の種類別好適 pH

pH	普通作物	果菜・豆類	葉根菜類	果樹・花き
6.5～7.0	オオムギ		ホウレンソウ	イチジク
6.0～7.0	コムギ	エンドウ、トマト	ダイコン、キャベツ、アスパラガス	ブドウ、アンズ、カーネーション
6.0～6.5	サトイモ、ダイズ	インゲン、エダマメ、カボチャ、キュウリ、スイートコーン、スイカ、ソラマメ、ナス、ピーマン、メロン、アズキ	ウド、カリフラワー、コマツナ、シュンギク、ショウガ、セロリ、チンゲンサイ、ニラ、ネギ、ハクサイ、ブロッコリー、ミツバ、レタス	ナシ、カキ、キウイフルーツ、ユズ、キク
5.5～6.5	イネ、エンバク、ライムギ	イチゴ、ラッカセイ	カブ、ゴボウ、タマネギ、ニンジン	ウメ、リンゴ
5.5～6.0	サツマイモ、ソバ、ヤマノイモ、オカボ			モモ、オウトウ、ミカン
5.0～6.5	ジャガイモ			
5.0～5.5				クリ
4.5～5.5				ブルーベリー、茶、ツツジ、シャクナゲ

（資料：日本土壌協会「土壌診断によるバランスのとれた土づくり Vol.2」）

pH診断と酸性改良の注意点

「酸性改良には石灰」は正しいか？

前節で見たように、日本でつくられる大抵の作物の好適なpHの範囲は、5・5〜6・5の弱酸性である。

それでも「作物栽培には酸性の土はダメ」という「信仰」は根強く、土壌のpHを確かめたわけでもないのに、作付け前の畑に炭カルなどの石灰質資材をまくのがクセになっている人が多い。

ではpHを調べ、酸性が強ければ石灰質資材をまいてよいのだろうか。その答えは否である。pHの測定値だけでは誤った判断をしかねない。石灰質資材を施用するかどうかの判断は、ECの測定値をみて決定する。これは、土壌の酸性化に2つのタイプがあるからだ。

土壌の酸性化の原因に2つのタイプが

【低pH・高EC型】たとえpHが低くても、ECが0・5mS／cm以上（塩基飽和度が70％以上）であれば、石灰質資材は施用してはいけない。その理由は、低いpHの原因が交換性塩基（カルシウムやマグネシウムなど）の欠乏ではなく、窒素養分（硝酸態窒素）の集積にあるからだ。こうした土壌は、ハウスや露地の野菜や花きの畑に多い。石灰質資材を入れれば、pHは上がるが、ECと塩基飽和度がさらに高まって、高血圧・肥満型の不健康土壌になる。

【低pH・低EC型】pHが低く、ECも低い。露地畑で、塩基（カルシウムやマグネシウムなど）が化学肥料の副成分と一緒に溶脱し、窒素養分も少ないやせ型の土壌。

このタイプは石灰質資材で酸性改良を行い、堆肥などの有機物と肥料を積極的に与える。

pHが低いか高いか、そのめやすと診断法

酸性改良のめやすとして、pHを6・5以上にしないように注意する必要がある。土壌のpHは、いったん高くしてしまうと元に戻すのが容易ではない。

pHを調べた結果、たとえばpHが7以上のアルカリ土壌になっていた場合はどうしたらよいのか。pHが高ければ、一切の石灰資質材を施用しないこと。これがいちばん安上がりで最善の方法である。アルカリ化を抑えるには、施す化成肥料を、高度化成から普通化成に変える、単肥の硫安を増やす、生理的酸性肥料を施用する、などの方法もある。

pHの改良に必要な石灰量は、砂土や壌土などの土性の違い（＝CECの違い）で大きく異なる。また、石灰質資材の種類によっても、必要な量が違う（76頁）。

自分でできる土壌の簡易診断は、pHとECのセットで進めること。とりあえずは、pH調べからはじめたい。

簡単・手軽な土壌pH測定用具

アースチェック液（住友化学園芸）

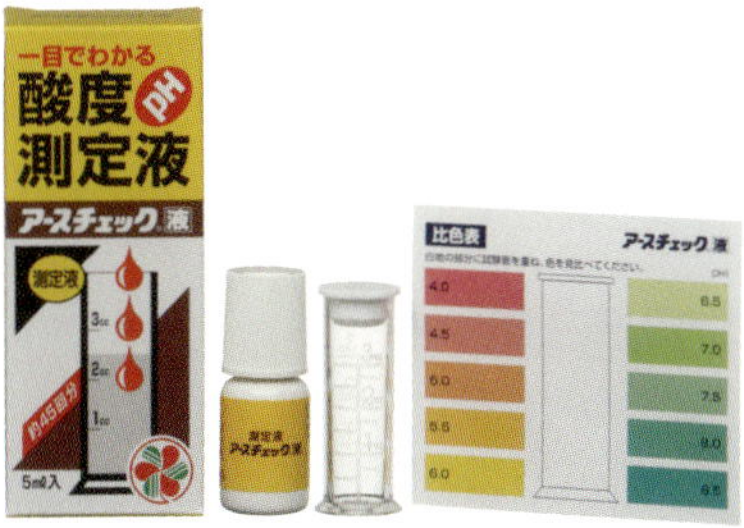

通常販売価格：**660円**（税別）

使用方法：土1と水道水2とをかき混ぜ、上澄み液に測定液を3滴加えて、比色表でpHを測定（pH4.0～8.5）。

起電式土壌酸度測定器 DM-13（竹村電機製作所）

通常販売価格：**4,300円**（税別）

使用方法：直接土に挿しておおよその土壌酸度（pH 4～7程度）を測定できる（薬品・電池不要）。

LAQUA twin pH（堀場製作所）

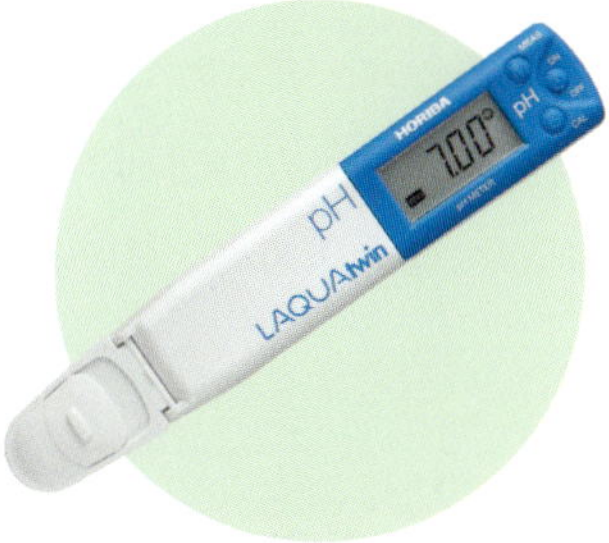

通常販売価格：
1点校正　**22,000円**
2点校正　**28,000円**（いずれも税別）

使用方法：乾かした土10gと水50mLをビーカーにとりよくかき混ぜる。しばらく放置して土と水が分離したら、その上澄みの部分にセンサーを入れて測定する。pH2～12の範囲で測定できる。なお、測定前に付属の標準液でメーターを調整することが必要。

それぞれの製品の詳しい使用方法、使用上の注意等は、各社のホームページなどでご確認ください。

EC（血圧）は高いか低いか

ECは土壌養分（塩類濃度）の指標

EC（電気伝導度）は、血圧にたとえられる。人間の高血圧に減塩が必要なように、高EC（高血圧）の土壌にも、「減塩」が必要である。

ECは、土壌中の塩類濃度、とりわけ窒素肥料の残存量を知るための指標である。ECが高いほど養分量が多く残っていることになる。

肥料などの養分が多く残っていると、土壌溶液は電気を通しやすくなり、抵抗が小さくなるのでEC（電気伝導度）は高くなる。ECの単位は「mS／cm（ミリシーメンスパーセンチメートル）」が用いられる（以下、単位を略す）。

作物の生育に適したECの値は、土壌によって異なる（37頁）。1を超えると、根が濃度障害を受ける可能性がある。ECが高いということは、土壌溶液に溶け出している塩類濃度が高いため、浸透圧が高まり、根による養分や水分の吸収が阻害される。「青菜に塩」の状態になって、根から水分が奪われてしまう。

「耐塩性」の違いで施肥も変える

ただし、障害を受ける塩類濃度（耐塩性の程度）は、作物の種類によって違いがある（次頁）。イチゴやキュウリは耐塩性が低く、逆にホウレンソウやハクサイは高い。そのため、施肥のやり方も作物の性質に合わせることが必要だ。

イチゴやキュウリは根に濃度障害を起こしやすく、過剰な施肥は禁物で、低いEC（少なめの養分）でしっかり根を張らせる。堆肥などの有機物を適度に入れ、肥料は有機質肥料などの肥効がおだやかなものを選ぶ。ホウレンソウやハクサイは、多肥を好む作物で、基肥も追肥も積極的に行い、収穫時まで肥効を切らさないようにする。

後作の施肥量調整のめやすに

ECの値は、土壌中の硝酸態窒素の量と関わりが深い。植え付け前の土壌のECを測定すると、どれだけ前作の窒素が残っているのかを推定することができる。土壌溶液には硝酸イオンのほかに、カリウムやカルシウムイオンなども溶けていて、これらの残存量のめやすにもなる。

このようにECは、硝酸態窒素などとの相関が高いことから、次の作付け時の施肥量補正のめやすに利用できる。

次頁の表は、施肥前のEC値による基肥（窒素とカリ）施肥量補正のめやすを、土壌の種類別に示したもの。EC値が0・3以下では基準量でよいが、EC値が1・6以上では基肥は無施用でよいことがわかる。ECの測定は自分でできる。コンパクトな携帯型ECメーターの例を次頁に紹介した。

EC測定のめやすと道具

作物の種類別耐塩性

耐塩性	EC(1:5) (mS/cm)	普通作物	野菜	果樹	その他
強い	1.5 以上	オオムギ	ホウレンソウ、ハクサイ、アスパラガス、ダイコン		イタリアンライグラス、ナタネ
中程度	0.8 ～ 1.5	水稲、コムギ、ライムギ、ダイズ	キャベツ、カリフラワー、ブロッコリー、ネギ、ニンジン､バレイショ、サツマイモ、トマト、カボチャ、スイートコーン、ナス、トウガラシ	ブドウ、イチジク、ザクロ、オリーブ	スイートクローバー、アルファルファ、スーダングラス、オーチャードグラス、トウモロコシ、ソルガム
やや弱い	0.4 ～ 0.8		イチゴ､タマネギ、レタス	リンゴ、ナシ、モモ、オレンジ、レモン、プラム、アンズ	タバコ、イグサ、ラジノクローバー、レッドクローバー
弱い	0.4 以下		キュウリ､ソラマメ、インゲン		

（資料：日本土壌協会「土壌診断によるバランスのとれた土づくり Vol.2」）

施肥前 EC 値による基肥（窒素・カリ）施肥量補正のめやす（対基準値）

土壌の種類	EC 値				
	0.3 以下	0.4 ～ 0.7	0.8 ～ 1.2	1.3 ～ 1.5	1.6 以上
腐植質黒ボク土	基準施肥量	2/3	1/2	1/3	無施用
粘土質・細粒沖積土	基準施肥量	2/3	1/3	無施用	無施用
砂質土（砂丘未熟土）	基準施肥量	1/2	1/4	無施用	無施用

（資料：日本土壌協会「土壌診断によるバランスのとれた土づくり Vol.2」）

土壌 EC 測定用具

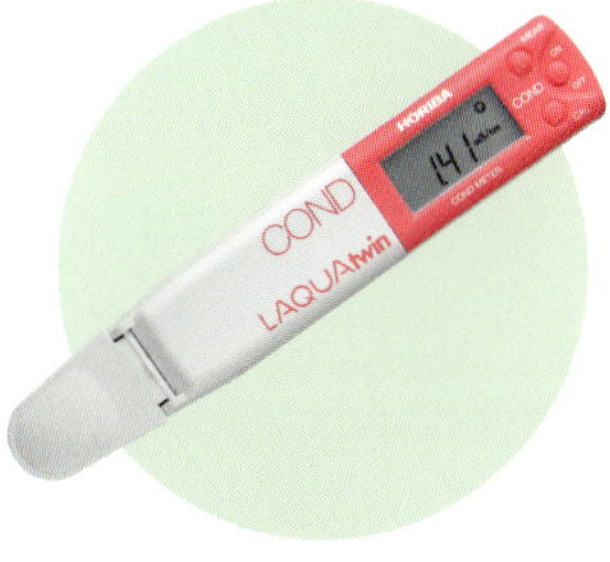

LAQUA twin COND（堀場製作所）

通常販売価格：**29,000 円**（税別）

使用方法：乾した土 10g と水 50mL をビーカーにとりよくかき混ぜる。しばらく放置して土と水が分離したら、その上澄みの部分にセンサーを入れて測定する。0 ～ 19.9mS/cm（0 ～ 1.99S/cm）の範囲で測定できる。なお、測定前に付属の標準液でメーターを調整することが必要。

土を舐めてみた学生たち

「静岡の土、いただきます」

プロの農家でも、土を舐めたことのある人は少ないだろうけど、「知ることは舐めること」。静岡県内の学生３人、それも人文・教育系の学生が、自分たちで県内から採取して「実舐」してみた。舐めてみたのは写真の４種類。最初にお皿に薄く広げて、電子レンジで１分間チンして殺菌（加熱しすぎると風味が消える）。はたしてその味はどうだったか。

注．土のなかには人体に有害な雑菌などが含まれている可能性があるため、興味本位で舐めることはおすすめできません。

実舐①富士山の「黒ボク土」

Ａ子「深い風味」、Ｂ子「意外と甘い、すぐに溶けちゃう」、Ｃ男「薄い苦味」。総合的に３人とも高評価

実舐②山地の「褐色森林土」

Ａ子「きなこの味に近い」、Ｂ子「しょっぱく苦い、どこか未熟で危ない臭い」、Ｃ男「土の風味や匂いが１番強い」

実舐③丘陵地の「赤黄色土」

Ａ子「口中でとろける。咽がイガイガする」、Ｂ子「無味無臭、好きな味じゃない」、Ｃ男「とろけて歯にくっつく」

実舐④低地の「グライ土」

Ａ子「１０秒舌でころがすと深い苦味が」、Ｂ子「粘土の味、もちもち溶けない」、Ｃ男「粘り気強く、まずい」

土を舐めた３人。この３人は、教育支援や地域づくりに取り組むNPO法人「静岡時代」に所属する静岡県内の大学生。発行する雑誌の特集記事の企画として「舐めてみた」。

〔参考：「静岡時代」Vol.35（2014年夏号）、NPO法人静岡時代〕
（写真：NPO法人静岡時代）

第4章

作物の要素欠乏・過剰症

作物は、土壌や大気から必要な養分を吸収して生長する。しかし、栄養が少なかったり、多すぎたりすると、病気などのさまざまな症状がでる。人間の栄養失調や肥満と同じようだ。栄養素が少なすぎることで起きる症状を欠乏症、多すぎることで出る症状を過剰症という。

要素欠乏・過剰症とは

作物にとって必要なもの

作物の生長に必要な要素は必須元素と呼ばれ、植物が必要とする量の大小により、便宜上「多量要素」（60頁）と「微量要素」（62頁）に大別されている。

これらの要素が、土中や作物体内で、どのような濃度にあるかということが重要である。欠乏していても、過剰にあっても、作物の生長に大きな影響を与える。

土中や作物体内の要素濃度と生育量や品質との関係は、次の4段階に分けられる。

①体内の要素濃度が上昇せず、生育量や品質も上がらない欠乏段階。

②土壌中の要素濃度が上がっても体内の要素濃度はあまり上がらず、生育量や品質が上がる正常段階。

③体内の要素濃度は上昇するが生育量や品質には著しい変化がない、ぜいたく吸収段階。

④体内の要素濃度の上昇に伴い収量や品質が低下する過剰段階。

※ひとつの要素の過剰吸収が、他要素の吸収を妨げることもある（拮抗作用）。それぞれの要素が過不足なく、適当な時期に供給されることが必要である。

次頁に、作物別にどのような要素の欠乏症が起こりやすいのか、一覧を示した。

欠乏・過剰の症状

要素の欠乏や過剰吸収を防ぐためには、定期的な土壌診断と作物体の栄養診断を行い、各要素の状態を調べることが有効である。症状が出てしまってからでは、対策に手間がかかる。

要素の過不足によって起こる症状は、草丈・葉数・葉の大きさなどの生育の低下、分げつ・新葉の発生の異常、特定部位の壊死、形態異常の発生や葉色の変化などである。

むずかしい症状判断

要素欠乏または過剰と疑われる症状が出たからといって、すぐに、ある要素の欠乏症、または過剰症と断定するのは危険である。ほかの要素が原因であったり、病気・害虫による被害の可能性もあるからだ。また、他要素との間の拮抗作用によって吸収が妨げられ、ある要素の欠乏症状が出ていることもある。そうした場合、拮抗作用の相手となっている要素の濃度の適正化も必要となる。そのため、欠乏や過剰が疑われる場合には、土壌と作物の分析を行うことが必要になる。その結果をみて、判断を下すことになる。

どのような症状にしろ、その判断には経験を要する。専門家や専門機関による診断が確実である。

どんな要素の欠乏症が出やすいか

作物別要素欠乏症発現の難易度

作物名	窒素	リン酸	カリウム	カルシウム	マグネシウム	ホウ素	マンガン	鉄	亜鉛	モリブデン
キュウリ	●	○	◎	○	◎	○	☆	○	☆	☆
トマト	◎	○	○	●	●	◎	○	○	☆	○
ナス	◎	○	○	☆	●	○	☆	○	☆	☆
ピーマン	◎	○	●	◎	◎	☆	☆	☆	☆	☆
スイカ	●	○	◎	○	◎	○	☆	☆	☆	☆
イチゴ	○	○	◎	○	◎	○	☆	☆	☆	☆
キャベツ	◎	○	●	◎	○	○	☆	☆	☆	○
ハクサイ	◎	☆	◎	●	●	◎	☆	☆	☆	☆
タマネギ	○	○	○	◎	○	○	☆	☆	☆	☆
レタス	○	☆	○	◎	◎	◎	☆	☆	☆	◎
ホウレンソウ	◎	○	◎	●	●	◎	○	○	☆	○
セロリ	◎	○	◎	○	●	●	☆	☆	☆	☆
ネギ	◎	○	○	○	○	☆	○	☆	☆	☆
アスパラガス	◎	○	○	○	◎	◎	☆	☆	☆	☆
カリフラワー	◎	◎	○	○	●	◎	☆	☆	☆	◎
ブロッコリー	◎	◎	○	○	◎	◎	☆	☆	☆	◎
ダイコン	◎	○	◎	○	●	◎	○	☆	☆	○
ニンジン	◎	○	○	☆	◎	○	☆	☆	☆	☆
ジャガイモ	◎	○	●	○	◎	◎	☆	☆	☆	☆
サツマイモ	○	○	◎	○	◎	○	☆	☆	☆	☆
エダマメ	○	○	◎	○	◎	☆	○	☆	☆	☆
ナタネ	○	●	○	○	●	◎	○	○	☆	○
ミカン	○	☆	○	○	●	◎	◎	○	◎	○
リンゴ	○	☆	○	☆	◎	◎	○	☆	○	☆
カキ	○	☆	○	☆	○	☆	☆	☆	☆	☆
ナシ	○	☆	◎	☆	◎	○	○	☆	○	○
ブドウ	○	☆	◎	☆	●	◎	○	☆	○	☆
モモ	○	☆	●	☆	●	○	○	☆	☆	☆
ウメ	○	☆	○	☆	◎	○	○	☆	☆	☆

●非常に起こりやすい　◎起こりやすい　○起こる　☆ほとんど起こらない

注．同一作物でも品種、生育ステージ、土壌および気象条件、さらにほかの要素とのバランスなどによっても欠乏症の発現の有無、程度は著しく異なる。実際の活用にあたっては弾力的に利用すること。

（資料：岐阜県「主要園芸作物標準技術体系（平成17年）」）

マグネシウム欠乏

苦土欠乏はカリウム過剰？

作物の養分として重要な要素に、カリウム、マグネシウム（苦土）、カルシウムがある。マグネシウムの施肥が盛んに行われるようになり、マグネシウムが不足している土壌は少なくなっている。

とはいえ、マグネシウム、カリウム、カルシウムなどの塩基類には相互に拮抗作用がある。つまり、ひとつの要素が過剰になれば、ほかの要素の吸収が妨げられるのだ。塩基類の蓄積している圃場が多くなるにつれて、拮抗作用が原因のマグネシウム欠乏症が起こるようになった。同様に、マグネシウム過剰が原因で起こるカリウム欠乏症もある。

古い葉から症状が現れる

マグネシウムの土中の適正量は、土100g中に30～60mg、マグネシウムとカリウムの割合はカリウム1に対してマグネシウム2以上と定められているところが多い。欠乏症は、土壌中のマグネシウムが土100g中に10mg以下で発生しやすい。

欠乏症になると、葉緑素の生成が抑制され、葉の葉脈間に黄化症状（クロロシス）や壊死斑（ネクロシス）が発生する。マグネシウムは作物体内を移動しやすいので、欠乏すると古い葉から生長の盛んな新しい葉に移動する。そのため、古い葉から症状が出る。また、果実肥大が阻害されることもある。

果実近くの葉に出たマグネシウム欠乏の症状
（上：トマト、下：ミカン）

マグネシウム欠乏症の実例

トマト

ブドウ

多くの作物では葉脈間が黄化、白化するが、イチゴなどのバラ科植物では黒くなる

イチゴ

葉脈間に壊死斑（ネクロシス）が出ることもある（スイカ）

カリウム欠乏

地力の乏しい農地に起こりやすい

作物の必要とする肥料要素のうち、マメ科作物以外のほとんどの作物では、カリウムを最も多く吸収する。カリウムは、光合成や炭水化物の移動、タンパク質合成の促進、浸透圧の維持などの役割を果たしている。土100g中に20～40mg程度が土中の適正な濃度とされており、濃度が低くても高くても、弊害が出る。

カリウムは作物体内を移動し、欠乏すると新しい葉が優先されるので、症状は古い葉から現れる。現在、カリウム欠乏症は、元々地力の乏しい農地や耕作放棄地から復旧した直後の圃場などで問題となっている。

有機肥料の大量施用でカリウム過剰

一方で、カリウム含量が過剰な圃場が増えているのも問題となっている。48頁でも紹介したように、カリウムの過剰によってマグネシウムやカルシウムの吸収阻害が起こっているからだ。

近年、大量の有機肥料を施用する圃場が多く、有機物に含まれるカリウムが作物に過剰に供給されてしまっている。定期的に土壌診断をし、カリウム過剰になってきたら、施肥量を減らすなど、こまめに対応することが大切だ。また、吸収力の高いイネ科牧草を導入して、土中のカリウム濃度を下げる方法もある。

葉の縁からの黄変と葉脈間の黄化の症状。
マグネシウム欠乏症と間違いやすい
（上：ブドウ、下：トマト）

カリウム欠乏症の実例

上の２枚は両方ともイチゴ。欠乏がゆっくり進行した場合は左のように葉脈間が黒くなるのに対し、急激に進行した場合は右のように赤褐色の斑点ができる。このように進行のスピードにより症状が異なる

葉の縁が黄褐変して枯れる
（メロン）

葉脈間に大きな白斑が出る
こともある（キャベツ）

リン酸とカルシウムの欠乏・過剰

リン酸は、生育初期の欠乏に注意

リン酸は肥料の三要素のひとつで、植物の代謝全般に深く関わっている。欠乏状態になると、草丈、分げつ、葉数、葉面積が減少し、重症だと生育が停止してしまう。リン酸の要求量が多い生育初期に欠乏しやすい。また、低温、日照不足などの環境ストレスがかかると、植物のリン酸吸収が阻害され、欠乏を引き起こす。

リン酸は植物体内を移動しやすいので、株元に近い葉から白化が起こる。このとき、先端の葉は暗緑色になることが多い。果実や花に赤や青の色をもたらすアントシアン系の色素が蓄積し、葉や茎が赤紫色になることもある。マメ科植物では、リン酸欠乏が根粒の発育を抑制し、窒素の欠乏を併発する。

リン酸過剰による生育障害は比較的発生しにくいが、そのために過剰施肥されてきた傾向がある。イネの稚苗、カーネーション、スイートピー、キュウリ、ダイコンなどで、リン酸過剰による外的症状が確認されている。

また、リン酸が過剰になると、拮抗作用により亜鉛、鉄などの吸収が抑制される問題がある。

土中のリン酸を削減する方法としては、リン酸の減肥や施肥の中断のほか、深耕によってリン酸の濃度を薄めるといった対策もある。

カルシウムは植物に吸収されにくい

カルシウムは作物の必須元素で、細胞内のミトコンドリアの活性維持、光合成産物の転流、細胞壁、細胞膜、染色体の構造・機能の維持、各種酵素の活性化などに必要不可欠である。また、土壌中のpHを調節するためにも、欠かせない要素である。

多くの作物におけるカルシウム吸収量は、窒素と同量もしくはやや少ないといった量で、かなり多い。しかし、カルシウムは植物に吸収されにくく、また体内移動しにくいので、土壌中に十分なカルシウムがあっても、欠乏症は発生する。

カルシウムを好む作物では、石灰施用量を増やせば、収量の増加につながる。ブドウ、ダイズなどがその例である。さらに、石灰施用には、病害抵抗性を高める効果もあることがわかっている。しかし、多くやりすぎると、マグネシウム、カリウム、リン酸の吸収を妨げるので注意が必要である。

カルシウムの欠乏症状は、おもに新葉部分、葉先、根の分裂組織に現れる。果菜類では、トマトの尻腐れ果が知られている。ほかにはキャベツやハクサイの芯腐れ、リンゴなどの果実の斑点などの症状もある。

カルシウムは水とともに移動するため、乾燥は大敵である。とくに高温時には土壌をマルチで覆ったり、灌水したりといった乾燥防止対策が必要だ。

リン酸、カルシウムの欠乏・過剰症の実例

上左：リン酸欠乏のトマトの葉。赤紫色になっている

上右：リン酸欠乏のハダカムギ（緑の部分）。生育が遅く、青々としている

右：リン酸過剰によりキュウリの葉に発生した白斑症状

カルシウム欠乏によるタマネギの芯腐れ

トマトの尻腐れ果。カルシウム欠乏により起こる。尻腐れになった部分は黒くなり、カビが生えることもある

マンガンとホウ素の欠乏・過剰

微量要素でも欠乏は起こる

作物生育には、少量でいいが、必ず必要な元素がある。マンガン、ホウ素、鉄、銅、亜鉛、モリブデン、塩素、ニッケルの8元素がそれで、必須微量要素といわれる。必要量が微量なことから、不足することはまれだと考えられがちだ。しかし、実際には微量要素欠乏症はめずらしい現象ではない。要素が欠乏するとそれぞれ特徴的な症状が現れる。

8元素のうち、日本ではホウ素とマンガンの要素欠乏が起こりやすく、この微量要素のみ肥料取締法で肥料成分に指定されている。

作物中の微量要素は、人間や動物にとってはミネラル源であり、その重要性が見直されている。

進歩が生み出す新たな障害

肥料の進歩は、より効率的な多収を可能にしたが、一方で養分過剰の圃場も増加させた。たとえば、アルカリ性資材である石灰の過剰施肥により、pHが7・0以上とアルカリ化すると、マンガン、ホウ素などが吸収されにくくなり欠乏症が起こる。逆に土壌が酸性化すると、マンガンは水に溶けやすくなり、排水性の悪い圃場では過剰障害が出やすくなる。

また、施設栽培の普及や品種の多様化により、周年栽培が一般的になり、土壌からの微量要素の収奪量が増えたことも、欠乏症が発生する原因にあげられる。たとえばアブラナ科作物はホウ素の要求量が多く、ダイコンやコマツナなどのアブラナ科野菜を連作している圃場では、ホウ素の欠乏症がよくみられる。しかし、ホウ素の適量幅は非常に狭く、さらに作物ごとに要求量が異なるため、安易にホウ素入りの肥料などを施肥すると過剰になってしまう。

多量要素と微量要素、微量要素同士の拮抗作用で、特定の要素の吸収が阻害されることもある。また、水分や土質などの条件によっても、微量要素欠乏は誘発されてしまう。

微量要素の過不足による障害にはさまざまな原因が考えられ、対策はむずかしい。土壌分析と作物の観察に基づいて、入念に診断しなければならない。個人で特定するのがむずかしい場合もあるので、専門家への相談が必要である。

欠乏・過剰による葉などの症状

マンガンは、植物体内を移動しにくく、欠乏状態になると、新葉の葉先や葉脈の間が黄化または白化する。過剰の場合は、下位の葉の縁が褐変し、葉脈の間に褐色の斑点ができる。

ホウ素は欠乏すると、生育が抑制されるほか、果実や茎の亀裂やコルク化などの症状が出る。過剰になると、下位葉の縁が黄化あるいは褐変し、やがて葉全体に広がり枯死する。

マンガン、ホウ素の欠乏・過剰症の実例

マンガン欠乏のダイズの葉。葉脈の間が黄化するが、葉脈の緑色は残る

メロンのマンガン過剰の症状。下葉の葉脈がチョコレート色に変化し、やがて上葉に進む

ホウ素欠乏症のトマト。果実の表面にかさぶたのような傷が現れる

ホウ素過剰のエンドウの葉。下位の葉の縁に褐色の斑点が出て、やがて葉脈間までおよぶ

高齢者にこそミネラルを

ホウ素が脳の働きを活発化

ホウ素（B）は、植物に欠かせない微量要素として、カルシウムと類似した働きをし、細胞膜の形成と維持に役立っている。20世紀の末までは、ホウ素は植物だけに必須なもので動物には必須要素ではないと、どの教科書にも書かれていた。

そんな常識がひっくり返ったのは1998（平成10）年。アフリカツメガエルを使った研究で、動物でもホウ素が必須要素であることが指摘され、研究者の間で合意されるようになった。ここから、ホウ素の人間への必要性も研究されるようになり、アメリカ農務省は、ホウ素が脳の働きを活発化し、骨形成にも関与していることを発表した。それによると、ホウ素投与で脳の反応時間が早くなること、脳の老化を防ぐことが報告されている。ちなみにホウ素は、リンゴ、ブドウなどの果物やキャベツに多い。

高齢者に潜行している亜鉛欠乏

亜鉛（Zn）は、不足すると食べものの味がわからなくなる味覚障害を引き起こすことが知られているが、それだけでなく、高齢者の食欲不振や口内炎、褥瘡《じょくそう》の発症、慢性の下痢、元気さの減退なども引き起こす。

味覚障害は、味蕾《みらい》細胞が元にもどるまで、数カ月の亜鉛製剤の服用が必要とされているが、食欲不振などへの亜鉛服用効果は劇的で、1、2日で効果が現れることが多い。調査では、高齢になるほど血清中亜鉛濃度が低下しており、亜鉛欠乏が広く潜行していることが判明している。ちなみに亜鉛は、牡蠣《かき》や肉類のほか、ゴマやソラマメに多い。

第5章

肥料の必要性と区分

肥料がなくても、植物は育つ。しかし、毎年、同じ畑で作物をしっかり育てるには、肥料が必要となる。土壌のなかの養分が、収穫した作物にもっていかれるからだ。
作物が健全に育つために必要な肥料を、必要なときに必要な量だけ与えるのが理想的。
そのためには、どのような肥料がいつ必要なのかをきちんと知っておきたい。

肥料はなぜ必要か

肥料は土や植物に施す栄養

自然の野山には、肥料などを施さなくても毎年草木が育つのに、なぜ農業には肥料が必要なのだろうか。

肥料のそもそもの定義をみてみよう。肥料取締法（第２条第１項）によれば、肥料とは「植物の栄養に供すること又は植物の栽培に資するため土壌に化学的変化をもたらすことを目的として土地に施される物及び植物の栄養に供することを目的として植物に施される物」のこと。「土壌に施される物」のほかに、葉面散布や養液栽培などで、直接「植物に施される物」も肥料と呼ぶ。また人間が施した物ではなく、もともと土壌中に含まれていた養分は、一般に「天然供給養分」と呼ばれている。

農業ではなぜ肥料が必要なのか、次に考えてみよう。

栄養補給しながら作物をつくる

広い田畑で、単一の作物を毎年栽培するのが、現代の農業のやり方である。しかも、高い収量を上げ続けることも求められる。この状態を長い間持続していくためには、土壌に含まれている天然供給養分だけでは養分が不足してしまう。

別の言い方をすれば「肥料をやらないで作物を栽培すると、作物は十分に育たない。これは、土壌から天然に供給される養分だけでは、作物が必要とする養分にはたりないためであり、肥料の役割は、この不足する養分を補充して作物に与えることである」（日本土壌協会『土壌診断と生育診断の基礎』より）。

作物が必要とする養分（必須養分）を、必要なとき（施肥時期）、必要なところ（施肥位置）へ、必要な量（施肥量）だけ、バランスよく望ましい形態（肥料形態）で与えることが、農業における肥料の大切な役割である。

少なくても多くても育たない

作物がよく育つには、窒素（Ｎ）・リン酸（Ｐ）、カリウム（Ｋ）の３要素がとくに大切だが、ほかにも多くの必須養分がある（60、62頁）。

ただし、収量を直接左右するのは、養分のなかで最も不足しているものとなる（次頁）。これを「最小養分律」という。

さらに、光、温度、水分、空気などの環境要素も収量に影響することにも注意したい（この場合は「最小律」という）。

では肥料をたくさん施せば収量は上がるのだろうか。ある程度までは収量は上がるが、さらに肥料を増やし続けると次第にアタマ打ちとなってしまう。これを「収量漸減の法則」という。最近の土壌では、肥料不足よりも過剰になりすぎて品質や収量を低迷させていることが問題になっている。

肥料の必要性と最小(養分)律

肥料はなぜ必要か？

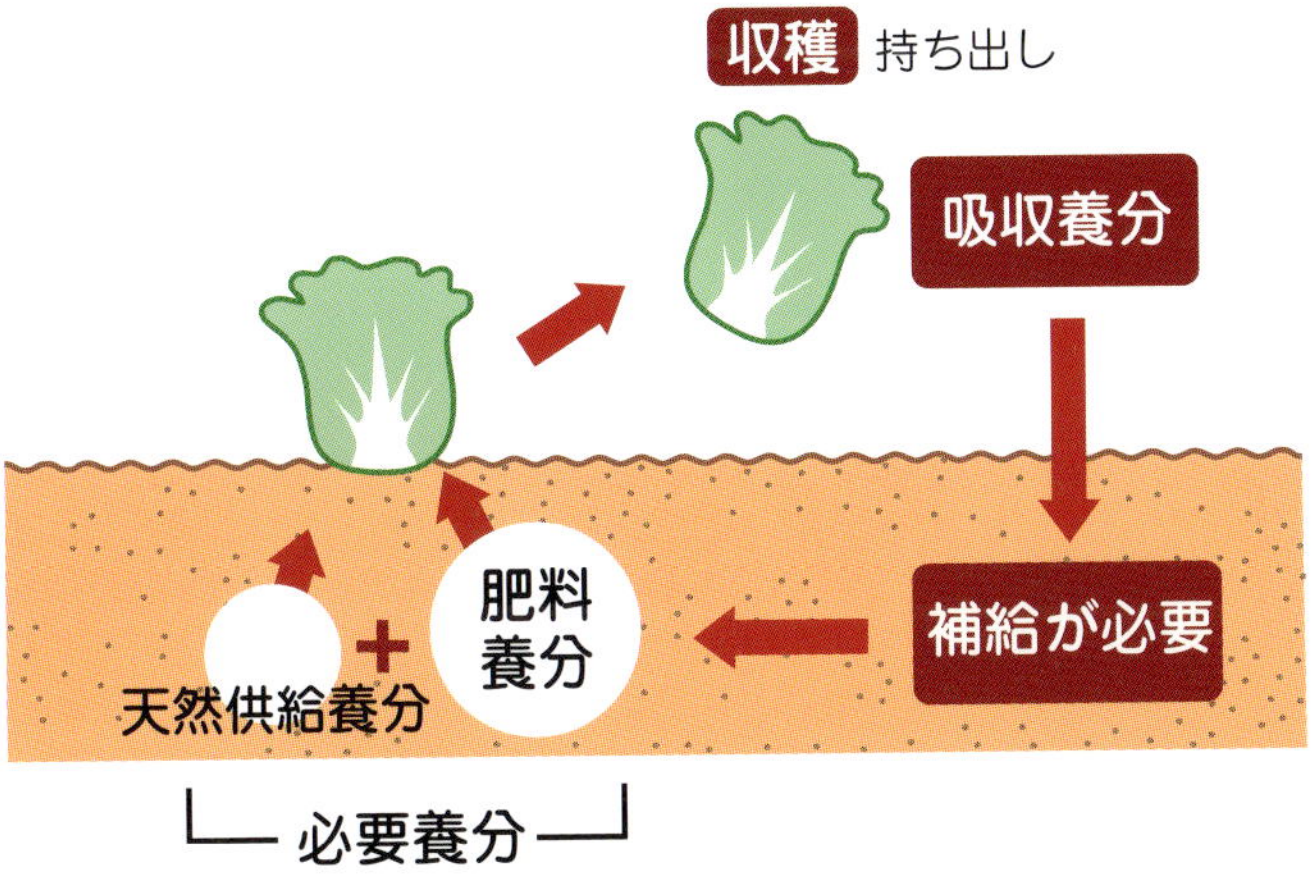

最小(養分)律

植物の生育は、必要な要素のうちで
最少量のものによって制限される

（ドベネックの要素樽）

植物の必須要素(1)　多量要素

窒素、リン酸、カリウムは肥料の3要素

　植物の生育に不可欠な養分のうち、比較的多量に必要な要素は９つある（次頁）。このうち、炭素（C）、水素（H）、酸素（O）は、大気中の炭酸ガス（CO_2）や酸素（O_2）、また土壌中の水（H_2O）から供給されている。

　残りの６つの要素は、不足分を肥料として補う必要がある。そのうち窒素（N）、リン酸（P）、カリウム（K）は、作物の生育にとって必要な量が多く、肥料として与えると、その効果（施用効果）が大きい。これらは「肥料の３要素」と呼ばれている。

【窒素（N）】作物の生育と収量に最も大きくかかわる養分で、茎葉を伸長させ、葉色を濃くするので「葉肥《はごえ》」といわれる。過剰に与えると、軟弱に育って病虫害にやられやすくなり、減収や品質低下を招く。

【リン酸（P）】おもに開花・結実に関係し、「花肥《はなごえ》」または「実肥《みごえ》」と呼ばれる。日本の土壌はリン酸欠乏状態が多いので、リン酸を施用しないと減収することが多い。

【カリウム（K）】おもに根の発育を促進するため「根肥《ねごえ》」といわれる。カリウムは、土壌にあればあるだけ作物が吸収してしまう性質（ぜいたく吸収）があるが、作物の要求量は窒素ほど多くない。

残りの3つの要素も合わせて大切

【カルシウム（Ca）】以上の３要素とともに、「肥料の４要素」といわれるほど重要な要素。植物の分裂組織、とくに根の先端の正常な発育に欠かせない成分で、根の伸長を促す。細胞と細胞の結びつきを強くする働きもある。ただし、カリウムが過剰な土壌では、拮抗作用（33頁）でカルシウムの吸収が抑えられやすくなる。

【マグネシウム（Mg）】葉緑素を構成する成分で、植物体内の多様な酵素の活性化を促進する。この元素が土壌中に不足すると、下にある古い葉から上の葉に移動する。このため、欠乏症状は下の葉から発生する。このマグネシウムも、カリウムとの拮抗作用で欠乏症状を起こすことがある。

【イオウ（S）】作物にとってリン酸並みに多量に必要で、イオウが不足すると、作物は軟弱になり、病気にもかかりやすくなる。窒素の欠乏症状とよく似ていて、葉は淡黄色になり、下位の葉から発症する。

　日本の土壌では一般に、天然のイオウ分が多いので、施肥は考えなくてよいとされてきたが、近年、この常識が改められつつある。窒素、リン酸、カリウムの配合量が多く、副成分のイオウが少ない高度化成肥料を使い続けるケースが増え、イオウ不足が知らない間に広がっている可能性がある（１０８頁）。

多量要素とは何か

作物に欠かせない要素

① 多量要素

6つの多量要素と植物体内での役割

N	窒素	タンパク質・アミノ酸・葉緑素・酵素の構成成分。根の発育や茎葉の伸長をよくし、養分の吸収同化を盛んに。
P	リン酸	呼吸作用や体内のエネルギー伝達に重要な働き。一般に植物の生長、分けつ、根の伸長、開花、結実を促進。
K	カリウム	光合成や炭水化物の移動蓄積に関与。硝酸の吸収、タンパク質合成に働く。開花結実の促進、根や茎を強くする。
Ca	カルシウム（石灰）	体内に過剰にある有機酸を中和。細胞膜を強くし、耐病性を強める。根の発育を促進する。
Mg	マグネシウム（苦土）	葉緑素の成分。リン酸の吸収と体内移動に関与。炭水化物代謝、リン酸代謝へ酵素の活性化。
S	イオウ	タンパク質、アミノ酸、ビタミンなどの重要な化合物をつくる。炭水化物代謝、葉緑素の生成に間接的に関与。

植物の必須要素(2)　微量要素

微量必須要素（元素）とは？

植物の生命活動に不可欠な要素のうち、植物体内にあまり多く含まれない（必要量の少ない）ものを指す。現在、8つの要素が認められている。

植物体内での役割をみると（次頁）、①葉緑素の生成と働きに不可欠なもの（鉄・マンガン・亜鉛・銅・塩素）、②生体内酵素の構成成分として不可欠なもの（モリブデン・ニッケル）、③細胞組織の形成と維持に働くもの（ホウ素）の3つに分けられる。

これらは基本的に、土壌中の天然ミネラル成分が供給源となっている。鉄は土壌中に大量に含まれているので、通常の場合、不足することはないが、土壌がアルカリ化すると吸収されにくい形になり、欠乏症状が起きる。マンガンは土壌が酸性化すると溶解しやすくなり、植物が過剰障害を起こしやすくなる。このように、微量必須要素の不足や過剰は、土壌のpH（酸性度）と強い関係がある。

必須要素と呼ばれる条件

植物の必須要素が何かわかったのは、19世紀後半から20世紀になってからである。いまも必須要素の研究が続いており、最も新しく必須要素の仲間に加わったのは、ニッケル（Ni）である。ニッケルは、植物の生長に欠かせない尿素分解酵素であるウレアーゼの構成成分であることから、必須要素とみなされるようになった。欠乏すると葉が黄化し、白く枯れる。

では必須要素と判断するには、どのような条件があるのだろうか。

条件①必要性：その要素が欠乏すると生育に支障をきたす。

条件②非代替性：その要素を補給すると特有の欠乏症が回復する。

条件③直接性：その要素が植物の栄養状態に直接関係する。

ただし必須要素には、特定の作物だけに必須とされるものもある。

特定の作物には必須の「有用元素」

必須要素ではないが、特定の作物に有益な働きをするものを「有用元素」と呼ぶ。

土壌中に大量に含まれるケイ素（Si）は、イネ科作物の含有量がとくに多く、茎葉を丈夫にする効果が認められている。欠乏するといもち病にかかりやすくなるという報告も多数ある。

またコバルト（Co）は、マメ科植物の生育を促進することがわかっている。

微量要素とは何か

作物に欠かせない要素

② 微量要素

●おもに土の天然供給

Fe	Mn	Zn	Cu	Cl	Mo	Ni	B
鉄	マンガン	亜鉛	銅	塩素	モリブデン	ニッケル	ホウ素

Fe・Mn・Zn・Cu・Cl：葉緑素（光合成）に不可欠

Ni：新規

有用元素

Si	Na	Al	Co	
ケイ素	ナトリウム	アルミニウム	コバルト	など

特定の作物に有益

8つの微量要素と植物体内での役割

Fe	鉄	葉緑素の前駆物質の合成に関与。光合成の化学反応にかかわる酵素の構成成分。鉄は土壌中に大量に含有。アルカリ化で不可給態に。
Mn	マンガン	葉緑素の生成、光合成、酵素の活性化など生理的に重要な役割。土壌のアルカリ化で不可給態に。酸性化では過剰害を起こす。
Zn	亜鉛	葉緑素の形成や植物生長ホルモンの調節。生体内酵素の活性に関与。細胞分裂に不可欠。欠乏でタンパク質合成が阻害される。
Cu	銅	葉緑体中の酵素タンパク質に多く含まれ、光合成と呼吸に重要な働き。銅の欠乏で新葉の黄化・生育停止・不稔が発生しやすい。
Cl	塩素	光合成の酸素発生反応をマンガンとともに触媒。植物体の塩素含有率は微量要素中最大。塩素を施用するとセンイ質が多くなる。
Mo	モリブデン	植物体内の硝酸還元酵素の構成成分で、硝酸態窒素のタンパク質同化に重要な働き。根粒菌の窒素固定にも必要。
Ni	ニッケル	植物体内で生じる尿素の分解酵素（ウレアーゼ）の構成成分として重要。ウレアーゼの働きを通してタンパク質の合成に関与している。
B	ホウ素	カルシウムと類似し、細胞膜の形成と維持に役立つ。欠乏すると根の伸長が阻害され、細根が減少。植物体は矮性化する。

肥料の区分（普通肥料・特殊肥料）

普通肥料は「保証票」が目印

市販されている肥料は、肥料取締法によって、普通肥料と特殊肥料に分けられている。この区別は、成分含量など品質の保証があるかないかのめやすにもなる。

普通肥料は、農林水産大臣または都道府県知事の登録を受けた者のみが生産することができる。その袋には必ず生産業者・輸入業者・販売業者いずれかによる「保証票」が記載されている。また肥料成分には公定の規格があり、有効成分が保証されており、おもなものは左のように区分される。無機質の化学肥料のほか、有機質肥料も含まれる。

普通肥料

３要素の入った肥料

- 無機窒素質肥料……硫安・塩安・尿素など
- 無機リン酸質肥料……過石・熔リンなど
- 無機カリ質肥料……硫加・塩加など
- 有機質肥料……ナタネかす・魚粉など
- 複合肥料……高度化成・普通化成・配合肥料など

その他の必須成分の肥料

- 石灰質肥料……消石灰・炭カルなど
- 苦土（マグネシウム）肥料……硫マグ・水マグなど
- ケイ酸質肥料……ケイカルなど
- マンガン質肥料……硫酸マンガンなど
- ホウ素質肥料……ホウ酸・ホウ砂など
- 微量要素複合肥料……F・T・Eなど

特殊肥料には成分保証がなくてよい

特殊肥料は、農林水産大臣によって種類が指定されているもので、保証票を付けなくても都道府県に届出さえすれば生産し販売できる肥料のこと（成分保証をしなくても罰則がない）。品質・成分が一定ではないため、成分の保証はしにくいものの、作物の栄養になる成分を含んでいる肥料のことを指す。おもな特殊肥料としては、魚かす、蒸製骨、肉かす、粗砕石灰石など、粉末にしないで原形がはっきりしているもの（粉末にしたものは普通肥料として登録が必要）。

また、堆肥、米ヌカ、草木灰、家畜糞など、品質が多様でその価値が主成分の多少のみでは一律な評価ができないものが特殊肥料に指定されている。

●堆肥や家畜糞は「品質表示」義務あり

ただし、堆肥や家畜糞は、銘柄ごとの品質のバラツキが大きいので、適正な表示が必要だとして、窒素・リン酸・カリウムの成分量など定められた項目について「品質表示」が義務付けられるようになっている（次頁）。

＊

このほか、肥料ではないが「土壌改良資材」が数多く出回っている。これも品質表示の適正化のために、「地力増進法」に基づいて12の資材が指定され、成分基準や用途・効果の表示が規制されている（１００頁）。

肥料の区分と表示

肥料の区分

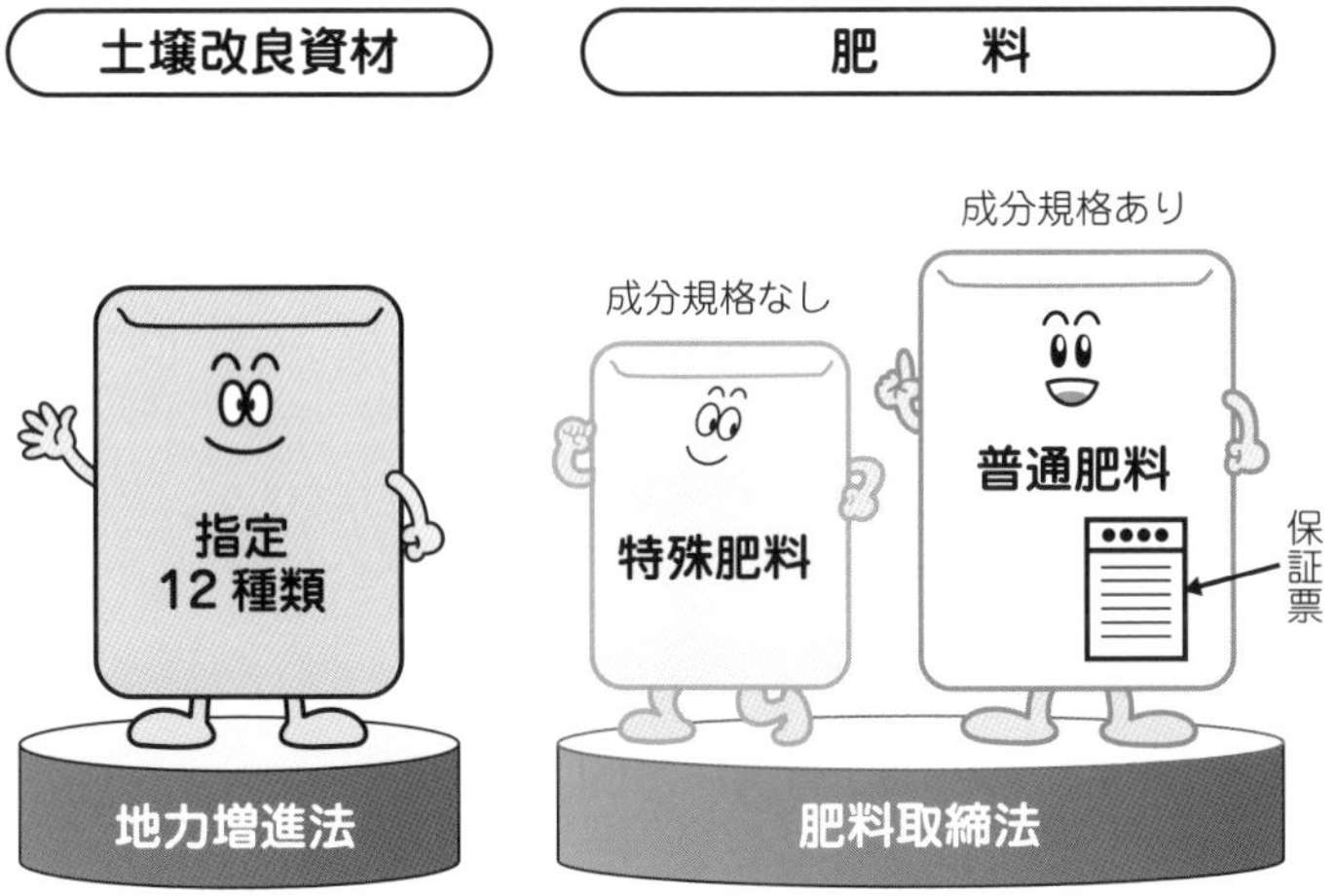

肥料取締法に基づく表示

肥料の名称　[redacted]1号
肥料の種類　たい肥
届出をした都道府県　栃木県届出 第[redacted]号
表示者の氏名又は名称及び住所
有限会社[redacted]
栃木県大田原市
正味重量　1kg
生産した年月　欄外に記載の通り
（原料）
牛ふん、おが屑
備考：生産に当たって使用された
重量の大きい順である。
主要な成分含有量（%）

窒素全量	0.64
りん酸全量	0.57
加里全量	2.1
炭素窒素比(C/N)	16.3

▲「特殊肥料」の品質表示の例

生産業者保証票

登録番号　生第[redacted]号
肥料の種類　化成肥料
肥料の名称　[redacted]燐硝安加里S604
保証成分量（%）

窒素全量	16.0
内アンモニア性窒素	9.1
硝酸性窒素	6.9
く溶性りん酸	10.0
内水溶性りん酸	7.0
水溶性加里	14.0

原料の種類
（窒素全量を保証又は含有する原料）
該当なし
正味重量　20キログラム
生産した年月　上部シール部分に記載
生産業者の氏名又は名称及び住所
[redacted]株式会社
東京都千代田区
生産した事業場の名称及び所在地
上部シール部分に略称で記載

▲「生産業者保証票」の一例。これが付いていれば普通肥料

肥料の区分（化学肥料・有機質肥料）

化学肥料の種類

化学肥料とは、化学的に処理（合成）された無機質肥料をいう。

化学肥料のうち、肥料の3要素（Ｎ・Ｐ・Ｋ）の1種類しか含まないものを「単肥」という。単肥を混合して、2種類以上を含むようにしたものを「複合肥料」という。

また複合肥料のなかで、1粒1粒の肥料に3要素のうち2種類以上を含むものを「化成肥料」と呼んでいる。化成肥料の肥料成分の合計が30％未満のものを「普通化成」、30％以上のものを「高度化成」と分けている（82頁）。

複合肥料には、ほかに「配合肥料」や、形態の違う「ペースト肥料」「液体肥料」もある。

ちなみに、有機農産物の農林規格（有機ＪＡＳ法）では、化学的処理を行っていない無機質肥料であれば、農地への使用が認められている（68頁）。

有機質肥料の種類

有機質肥料とは、生物（植物や動物）由来の有機物質からつくられる肥料のこと。有機質肥料は生物由来なので、3要素などの多量要素のほかに、微量要素も含んでいる。

なたね油かすやダイズ油かすなど、食品製造の副産物からできるものの生産量が多く、ほかに魚かす、家畜由来の骨粉・肉かす粉末などからつくる動物質肥料もある。

また、特殊肥料（64頁）に指定されている牛糞・豚糞・鶏糞を主原料にした、各種の堆肥も大量に利用されている（平成22年で５４４万ｔ）。堆肥は、いわゆる肥料効果のほかに、土壌の物理性を改善する効果や土壌微生物を活性化させるといった、土壌改良資材としての働きもある。

化肥と有機、その特徴をくらべると

化学肥料（化肥）と有機質肥料（有機）の特徴をまとめると、以下のようになる（次頁）。

有機は化肥にくらべて成分量当たりの価格は高いが、肥料の効果（肥効）が穏やかに長続きして根にもやさしく、高品質栽培が期待できる。対する化肥は、安くて無臭で保存が簡単、効き目が早く施肥量が調節しやすい。

土壌肥料の研究者は、どうみているのか。

「有機農産物は、おいしいといわれる。その一因は有機質肥料がゆっくり分解して、作物を育てるからである。化学肥料１００％でも少しずつ施せば、おいしい作物がとれる。有機だけ化肥だけにこだわらず、どちらの肥料とも上手につきあっていくことが、結局は環境にやさしい農業につながる」というのが、研究者の間の定説のようだ。

化学肥料と有機質肥料

無機質肥料と有機質肥料

肥料の区分

無機質肥料
（化学肥料）

単肥
尿素
過リン酸石灰
塩化カリ
など

複合肥料
化成肥料
配合肥料
ペースト肥料
液体肥料
など

有機質肥料

植物質肥料
なたね油かす
ダイズ油かす
など

動物質肥料
魚かす・骨粉・
乾血
肉かす粉末など

特殊肥料
牛糞堆肥
豚糞堆肥
鶏糞堆肥
樹皮堆肥
など

化学肥料と有機質肥料の特徴

	化学肥料	有機質肥料
原料と製法	無機質資材から化学合成	有機質資材を発酵・腐熟化
肥効	はやい （緩効性肥料や肥効調節型肥料もある）	ゆっくり
価格	成分量当たりの価格が安い	成分量当たりの価格が高い
品質	品質が安定している	品質にばらつきがある
供給	安定供給が可能	肥料によっては供給量に限りがある
その他	たりない養分を確実に補うことができる 施肥量の調節がしやすい 与えすぎると肥やけが心配	土の物理性の改善や、微生物の活性化などの効果がある 効き目が穏やかで根にやさしい

有機農業と化学肥料

有機農業に「化学的に合成された肥料」は使えない

有機農業推進法によれば、「有機農業」とは「化学的に合成された肥料および農薬を使用しないこと」と明記されている。農家が、自分でつくった農産物を「有機農産物」として販売するには、登録認定機関による検査を受けて「有機認定事業者」になることが必要だが、使える肥料に関していえば「化学的に合成（処理）された肥料」以外は使ってもよいことになっている。有機農業だからといって、無機質の肥料はすべて使用禁止というわけではない。

有機 JAS 規格で認められた「無機質肥料」

有機JAS規格によれば、「化学的処理をしていない天然の物質（鉱石など）に由来するもの」であれば肥料として使うことができる。では、どんな処理までなら認められるのか。「使用可能資材リスト」の基準によれば、「天然鉱石を粉砕または水洗精製したもの」や「燃焼、焼成、溶融、乾留することにより製造されたもの」は、化学的処理には該当しないので使用が認められる。例をあげれば、「熔成リン肥」（リン鉱石と蛇紋岩などを1,400℃で焼成溶融し、急冷粉砕したもの）も使用可能リストに載せられている。下に示したリストは、すべて「化学処理をしていないこと」という条件に適合した、有機栽培でも使用が認められている肥料である。

無化学肥料の有機栽培といっても、実際にはこれだけの無機質肥料が使える。選択の幅があることを歓迎する農家が多いが、純粋有機派の農家からは、慣行栽培と変わらないという批判もある。

有機 JAS 規格で使用可能な肥料

○炭酸カルシウム	○石膏（硫酸カルシウム）
○塩化カリ	○イオウ
○硫酸カリ	○生石灰（苦土生石灰を含む）
○硫酸カリ苦土	○消石灰
○天然リン鉱石	○鉱さいケイ酸質肥料
○硫酸苦土	○熔成リン肥
○水酸化苦土	

注. 化学的処理を行っていない天然物質に由来するもの。

第6章 化学肥料の種類と特徴

化学肥料とは、化学的に合成した無機質肥料のこと。扱いがらくで、効果のでかたもはっきりしている。
単肥と複合肥料、高度化成と普通化成など、多くの種類がある。それぞれの肥料の特徴を知ることが、適切な施肥管理への第一歩である。

窒素肥料（単肥）

硫安（硫酸アンモニア）…基肥・追肥に

硫安は、１９０１（明治34）年から国産化がはじまった古典的な窒素肥料で、いまも尿素に次いで多く生産され、化成肥料の窒素原料としても長く使われている。

硫安は速効性の生理的酸性肥料である。水によく溶けて、土壌溶液のなかでアンモニアと硫酸に分かれ、アンモニアは土壌コロイドに保持されて、硝酸態に変わってから作物に吸収される。

副成分の硫酸は、土壌コロイドに吸着していた石灰と結びついて石膏（硫酸カルシウム）となり、下層に沈殿するので、土壌が酸性化する。そのため、硫安を基肥として使う場合は、畑のpHを調べて、石灰資材を前もって施用しておく必要がある。硫安が石灰資材に触れるとアンモニアが逃げるので、石灰資材は１週間以上前に施しておきたい。

尿素…追肥用・液肥に

尿素は、戦後の昭和23年から生産が開始された後発の窒素肥料である。尿素は尿素態窒素で中性肥料なので、土壌を酸性化することはない。いまでは先発の硫安よりも多く利用されている。

尿素には窒素分が46％もある。サラサラしていて軽いので、過剰施肥に注意する必要がある。

施すとすぐ水に溶け、アンモニアと硝酸に変わる。アンモニアは土壌コロイドに吸着されるが、硝酸はマイナスのイオンのため吸着されず、土壌溶液に溶け込む。そのため尿素は土壌溶液の濃度（EC）を高めやすい。

尿素は速効性なので、少量ずつの追肥に適しており、水に溶かした液肥もおすすめだ。尿素は葉からも吸収されるので、葉面散布も効果がある。水で１００～２００倍に薄めて散布する（水10Ｌに尿素50～１００ｇ）。

石灰窒素…基肥専用・農薬効果も

石灰窒素も、明治末期から売り出された肥料だが、肥料と農薬の２つの効果をねらえる利点があり、いまでも根強い支持がある。窒素成分（シアナミド態）21％で、石灰分（アルカリ分55％）も含む塩基性肥料。主成分はカルシウムシアナミドで、施肥すると水分に反応して毒性のあるシアナミドを生じる。7～10日ほどでシアナミドは分解されてアンモニアに変わるので、毒性が消えてから播種、植え付けする。このシアナミドの毒性により、センチュウ類や雑草の防除効果がある。

＊

窒素の単肥には、「硝安」や「塩安」もある（次頁）。

窒素肥料の種類と特性

おもな窒素(N) 肥料(単肥)

硫　安
N21%
(S24%)

(生理的酸性)

アンモニア・硫酸
$(NH_4)_2 SO_4$

＊必須要素のイオウ(S)を含む

速効性

基肥・追肥用

尿　素
N46%

(中性)

尿素態窒素
$CO(NH_2)_2$

＊窒素分が多く、まきすぎに注意

速効性

基肥・追肥用
(液肥にも)

石灰窒素
N21%
(Ca60%)

(アルカリ性)

シアナミド態窒素
$CaCN_2 \cdot CaO$

＊農薬効果がある(殺センチュウ・除草)

緩効性

基肥専用

硝　安
N34%

(生理的中性)

アンモニア・硝酸
NH_4NO_3

＊肥やけ・葉やけに注意

速効性

基肥・追肥用
(液肥にも)

塩　安
N25%

(生理的酸性)

アンモニア・塩酸
NH_4Cl

＊肥やけに注意・イモ類には不向き

速効性

基肥・追肥用

リン酸肥料（単肥）

リン酸肥料は全量基肥が基本

作物は、リン酸を生育初期に必要とする。根が充分に伸びる前に吸わせて体内の細胞に蓄えておくと、そのあとの生育がよくなる。そのため、リン酸肥料は全量を基肥として施すことが基本となる。

全国の野菜産地の土壌を調べると、ほとんどの畑では、作物が必要とする以上の「有効態リン酸」が含まれている。じつは土壌中のリン酸は、酸性改良のために大量に投入された石灰質資材と化合して「リン酸3石灰」という、水にほとんど溶けず、弱酸性で溶ける化合物になっている。

アルカリ化が進み、効かないリン酸がたまっている畑には、水溶性で早く効くリン酸肥料が望ましい。

過石（過リン酸石灰）…速効性・石膏も含む

過石は、水溶性のリン酸肥料で速効性である。ただしアルミナの活性が高い酸性の黒ボク土などでは、アルミナと結合して不溶化しやすいので、堆肥に混ぜて施すのがコツ。

過石は副成分として「石膏（硫酸カルシウム）」を含んでいる。石膏はイオウと石灰の供給源になる。石膏は、炭カルや苦土石灰とくらべると水に溶けやすい。土壌のpHを上げずに石灰分を供給することができる。

熔リン（熔成リン肥）…緩効性・土壌改良に

熔リンは水に溶けにくい、く溶性リン酸（根の有機酸や酸性肥料に接して溶けていく）を含む、緩効性のリン酸肥料。ほかに石灰や苦土（マグネシウム）などアルカリ分も多く含む肥料なので、火山灰土壌や、やせた畑の土壌改良に効果的。新しくはじめる畑には、あらかじめ苦土や石灰の補給を兼ねて熔リンを施しておき、植え付け前の基肥には、初期の肥効をよくするための過石を施用するとよい。

亜リン酸肥料…いま注目の新型肥料

亜リン酸肥料は、いま農家に注目されている新しいタイプの速効性リン酸肥料である。亜リン酸（H_3PO_3）は、リン酸（H_3PO_4）にくらべて、酸素原子がひとつたりない。

亜リン酸は、①溶解性が高い、②分子量が小さいため作物体内での移行性が高い、③土壌に吸着されにくい、などの性質をもつ。10kgで5000円以上もする高い肥料だが、施用効果も高い。トウモロコシでは、1株の植え穴に大さじ1杯（約10円）の施用で、根張りがよくなり、草丈も葉も大きくなり、1株で3つも大きな実が採れる。各地の野菜や果樹、稲作で、耐病性の向上や収量の増加など、めざましい成果を上げている。

リン酸肥料の種類と特性

おもなリン酸(P) 肥料(単肥)

過 石
(過リン酸石灰)
P 17%
(水溶性)
(石膏 40%)

(生理的中性) **速効性** 基肥用

副成分 **石膏(硫酸カルシウム)**
●pH を上げずに石灰(Ca)を供給
●イオウ(S)の補給源に

熔リン
(熔成リン肥)
P 20%
(く溶性)
(苦土 15%
ケイ酸 20%
アルカリ分 50%)

(アルカリ性) **緩効性** 土壌改良用

●じっくり効いて流亡・固定が少ない
●苦土(Mg)・石灰(Ca)を含む
●酸性土・火山灰土の改良に

亜リン酸肥料
(例)
亜りん酸粒状2号*
P 10% (水溶性)
K 7% (水溶性)

(酸性) **速効性** 基肥用

●溶解性・生体内移行性が高い
●土壌に吸着されにくい
＊製造元:OAT アグリオ(株)

カリ肥料（単肥）

「硫加」と「塩加」、どこが違うか

単肥のカリ肥料は、硫加と塩加の利用が多い。どちらも水によく溶ける速効性の肥料である。

【硫加（硫酸カリ）】 水溶性カリウムを50％保証。硫加そのものは中性でどんな肥料とも配合できるが、副成分に硫酸を含むため、生理的酸性肥料である。硫酸イオンは、土壌中でカルシウムと反応して石膏をつくるため、土壌の溶液濃度は高めず、作物は濃度障害を受けにくい。

【塩加（塩化カリ）】 こちらは水溶性カリウムを60％保証。副成分に塩素を含む生理的酸性肥料である。塩素イオンは、土壌中のカルシウムと反応して塩化カルシウムをつくるが、これは水によく溶けるので土壌溶液濃度を高めやすく、作物は濃度障害を受けやすい。

さらに塩加は、吸湿性が高く、残るとベトベトになり、葉に付くと葉やけを起こす。硫加のほうは吸湿性が少ない。

副成分が作物に影響する

副成分の違いは、作物の生育や収穫物の品質の違いになって現れる。

硫加……サツマイモ、ジャガイモなどのデンプン質作物ではデンプン合成が促進され、肥大のよい、味のよいイモができる。栽培面積が少なくなったが、タバコも硫加の施用によって、火つき・香味ともによくなる。

塩加……繊維質を発達させるので、ワタ、イグサ、麻などの繊維作物に好適である。イネの生育後期に効かせると、茎の繊維を多くして倒れにくくなる。しかし、イモ類に施すと繊維の多いイモになり、タバコに施すと火つきが悪くなる。タバコつくりには厳禁の肥料とされる。

いずれも、副成分である硫酸（イオウ）、塩素の効果（あるいは害）が作物に現れているのである。

こうみていくと、畑作農家では、値段が1割以上高くても硫加を使う人が多い理由がわかる。

カリ肥料はもっと減らしてよい

現実の野菜畑や樹園地には、カリウムがたっぷり蓄積していて、当分はカリ肥料を施さなくてもよい圃場が多くなっている。苦土欠乏が各地でみられるのも、カリウムの過剰のためである。「カリウムは水に溶けやすく流亡しやすい」と、毎年窒素と同量かそれ以上施され、さらには、カリウムの含量が多い家畜糞堆肥が大量に投入されてきた。たっぷりあるカリウムが、土壌のpHを高める原因にもなっている。

こんなときには、土壌溶液の濃度を高めることの少ない硫加をごく少量施せばよい。

硫加と塩加の違い

カリ（K） 肥料（単肥）

硫　加	塩　加
（硫酸カリ）	（塩化カリ）
K50%	K60%
（水溶性）	（水溶性）
K_2SO_4	KCl
速効性　硫酸（S）含む（基肥・追肥用）	速効性　塩素（Cl）含む（基肥・追肥用）

同じカリ肥料でも…

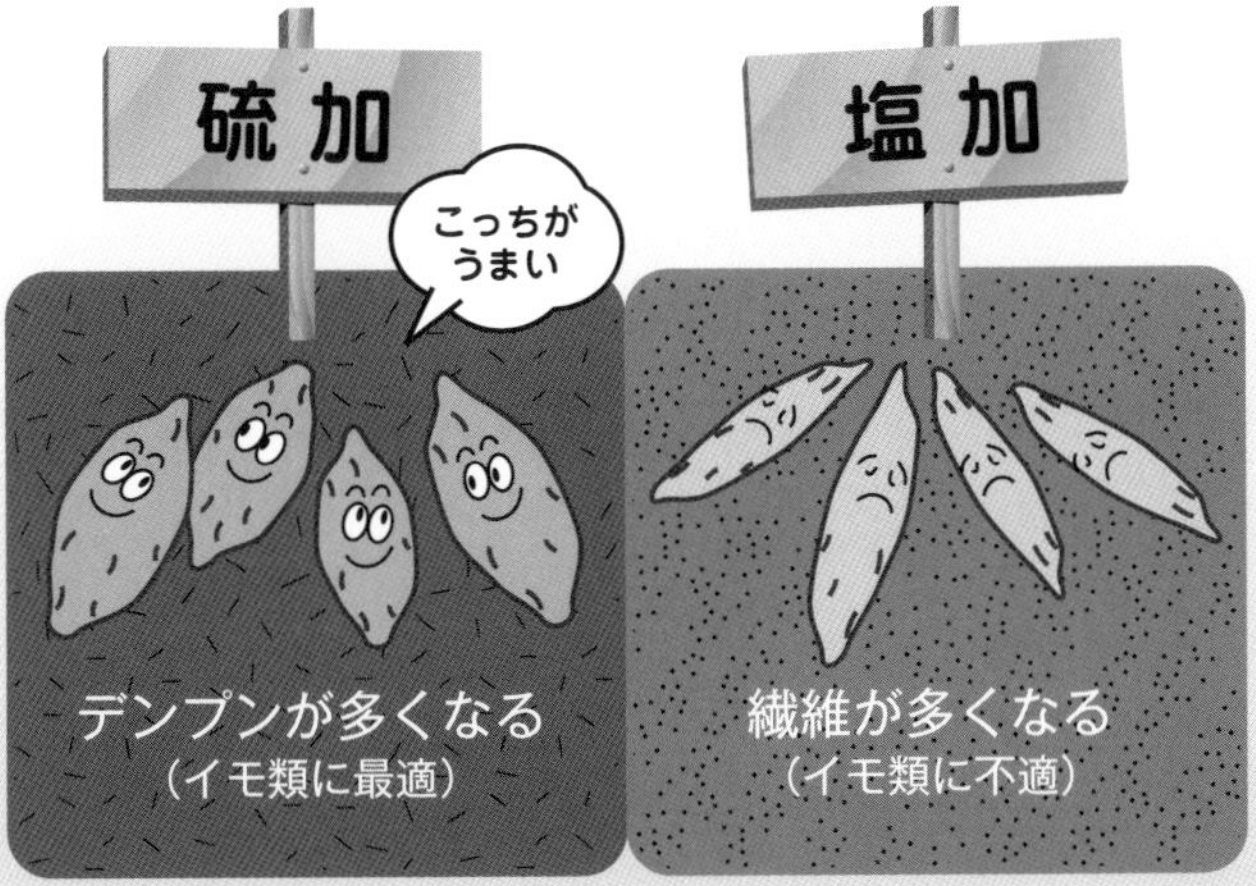

石灰質肥料（単肥）

酸性改良の主役「炭カル」「苦土石灰」

石灰を土壌に施す目的はふたつある。酸性の改良と、作物に吸収させるカルシウムの供給である。

次頁のように、石灰質肥料の原料は石灰岩（主成分炭酸カルシウム）で、これを粉砕したものが「炭カル」である。さらに高温で焼成したものが「生石灰」で、この生石灰に水を加えたものが「消石灰」である。原料に苦土分も含むドロマイト系石灰岩を使い、それを粉砕したものが「苦土石灰」である。

アルカリ分の多い生石灰は、水を加えるとはげしく発熱するので取り扱いがむずかしく、消石灰も種子や苗に触れると障害を起こすので、植える1～2週間前から土と混和しておかねばならず、これまでの酸性改良には、もっぱら、管理がラクな「炭カル」や「苦土石灰」が使われてきた。

酸性土壌を改良する際にpHを1上げる石灰の量は、次頁の表にあるように、石灰の種類と土壌に応じて変わってくる。

作物が吸える水溶性の石灰は？

石灰施用のもうひとつの目的、作物に吸収させるカルシウムの供給はうまくいっているだろうか。これまで酸性改良のために施した炭カルは、しっかり畑にたまっているが、水への溶解度はきわめて小さいため作物には吸収されない。土壌がアルカリ性に近づくと石灰は溶けにくい状態になる。こうなると、畑にたっぷりカルシウムがあっても石灰欠乏を起こしやすくなる。

pHが6以上になっているのに石灰欠乏（トマトの尻腐れなど）が出るような畑で、石灰を吸収しやすくするには、肥料全体を減らして（とくにカリの減肥）、各要素間のバランスを回復しpHを下げること。それでも効かなければ、水に溶けやすく作物に吸収されやすい石灰を供給する。

おすすめは次のふたつ。

【石膏（硫酸石灰）】 炭カルよりも溶けやすく、水溶液は酸性でpHを上げず、硫酸根にはイオウも含まれているので、養分バランスの回復にも役立つ。石膏だけの特殊肥料（全農の「畑のカルシウム」など）もあるが、石膏以外の成分も含む「過リン酸石灰」や「普通化成」のほうがずいぶんトクである。

【硝酸石灰】 これもpHを上げず水溶性で作物によく吸収されると注目の肥料。これまで石灰は大敵そうか病を助長するとして使用を控えていた北海道のジャガイモ産地で、あえて追肥に使うことで、イモの中心空洞や軟腐病をなくし、粒揃いと品質を上げる成果をもたらしている。この「硝酸石灰」は硝酸態の窒素も含むので、窒素とカルシウムの両面の効果があり、高品質のジャガイモづくりに、よく効く石灰の追肥が新たな常識になりつつある。

石灰質肥料の種類と特徴

石灰質肥料

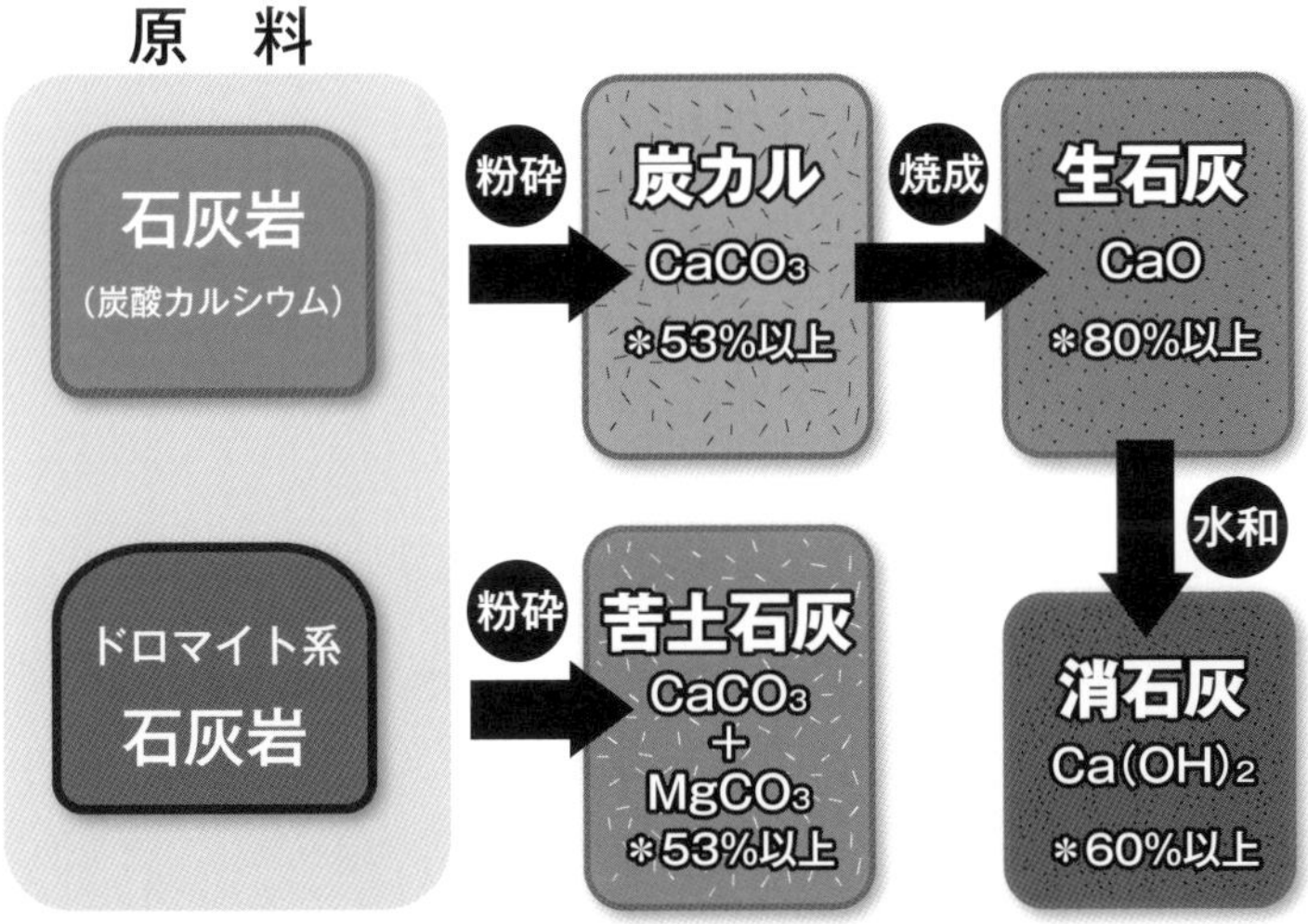

＊アルカリ分：生石灰（純品）の
中和力を100としたときの比

土壌のpHを1上げるのに必要な石灰量（Kg/10a）

	炭カル	苦土石灰	消石灰
黒ボク土	350	330	270
非黒ボク土	200	200	160

苦土肥料（単肥）

苦土は作物生長の必須要素

苦土（マグネシウム）は、６つある必須要素のひとつで、石灰、イオウと並んで中量要素とも呼ばれる。苦土は、葉緑素の構成成分で、各種の酵素の働きを支えており、作物の生育に不可欠な元素である。

そのため、最近は「苦土入り」と銘打った化成肥料も多く市販されており、リン酸質肥料（熔リンなど）や石灰質肥料（苦土石灰）などからも苦土が供給されている。

苦土は酸性の畑で欠乏症状が出やすい（葉脈の間が黄化・クロロシスになる）が、いまのアルカリ化が進んだ畑でも、カリウムや石灰との拮抗（競合）によって苦土欠乏症が出ることが多くなり、単肥の苦土肥料の出番も増えてきている。

土壌pHで使い分ける苦土肥料

苦土のみを主成分とする肥料として、おもに使われているのは、水マグ（水酸化マグネシウム）と硫マグ（硫酸マグネシウム）である。この2つは、土壌のpHの程度によって使い分けることが必要になる。

【水マグ】海水から食塩を採ったあとのニガリに消石灰を作用させたもの。水には溶けず、薄い酸に溶けるく溶性苦土を50％以上保証。遅効性のアルカリ性肥料で、酸性の強い土壌には効果的だが、pHの高い土壌には不向き。「苦土入り高度化成」の苦土原料は、ほとんどが遅効性の水マグである。

【硫マグ】蛇紋岩や水マグに硫酸を作用させたもので、ふつう20～25％の水溶性苦土を保証したものが多い。苦土肥料のなかでは唯一の水溶速効性肥料で、欠乏症の緊急対策として液肥の葉面散布もできる。pH6以上の畑に向く。

ほかに「腐植酸苦土肥料」もある。ニトロフミン酸に水マグや蛇紋岩粉末を反応させたもの。苦土の補給と同時に土壌改良を行うものだが、苦土含量は、く溶性３％と低い。

苦土の積極施肥でリン酸が効く

苦土はリン酸と一緒に吸収されるという性質をもち、植物体内をリン酸とともに移動する。リン酸とともに苦土を施用したり、リン酸が蓄積した畑に苦土を施すと、リン酸の吸収が著しく高まる。こうした相乗効果を生かして、苦土を積極的に施肥することで土壌中にたまっている「リン酸貯金」を下ろし、リン酸を作物に吸わせる。リン酸がよく効くと石灰も吸われだす。耐病性が高まり、高品質と増収をねらえる施肥法として、苦土の積極施肥が話題を集めている。

この苦土の積極施肥は、土壌の胃袋（ＣＥＣ）の大きさをつかみ、満腹度合（塩基飽和度）を診断して、バランスをとる形で苦土を生かすことが大切である。

苦土肥料の使い方

おもな苦土（Mg）肥料（単肥）

水マグ
（水酸化苦土肥料）
$Mg(OH)_2$
く溶性苦土
50%保証

（アルカリ性）
高 pH 土壌に不向き

硫マグ
（硫酸苦土肥料）
$MgSO_4$
水溶性苦土
11%保証

（酸性）
高 pH 土壌に向く

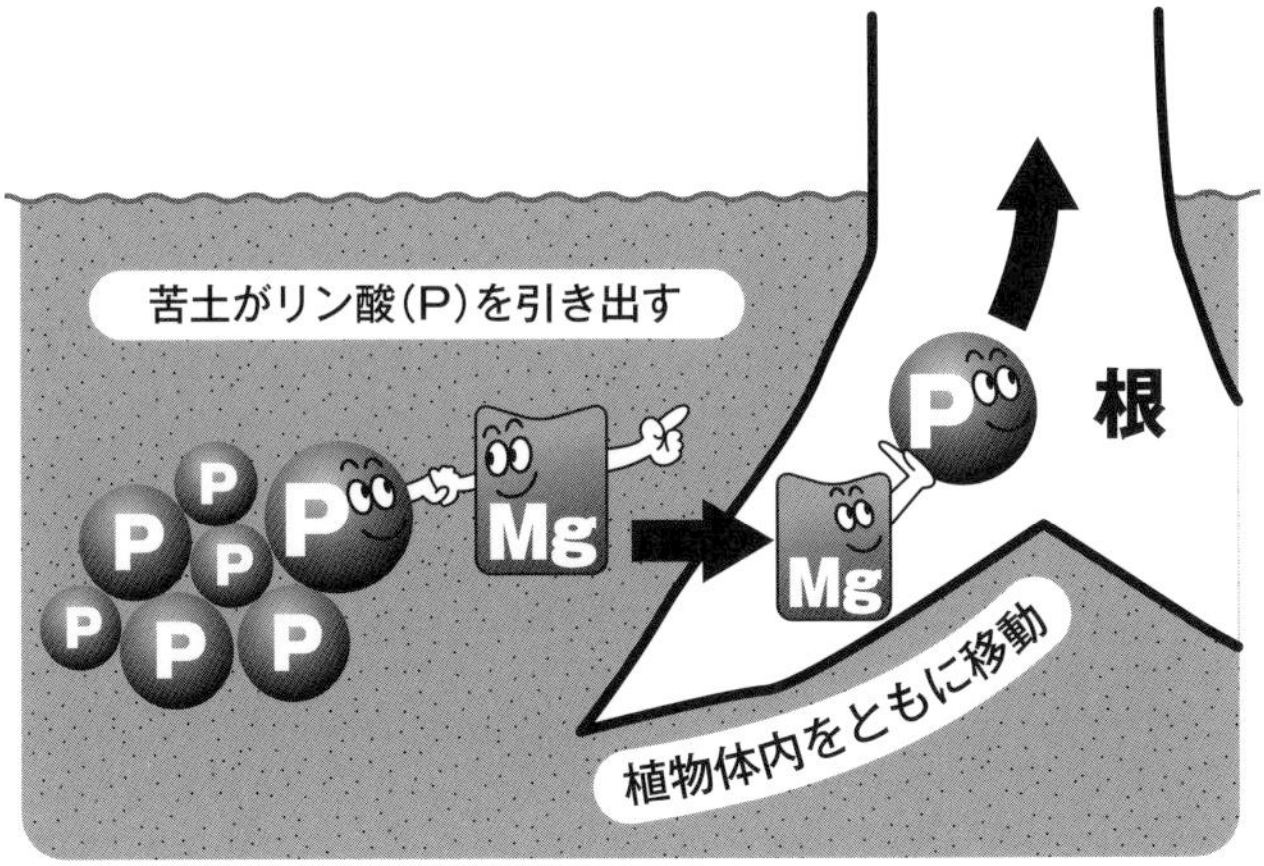

微量要素肥料

欠乏しやすいホウ素やマンガン

作物に必要な微量要素は、鉄、マンガン、ホウ素、亜鉛、銅、モリブデン、塩素、ニッケルである（62頁）。

このなかで欠乏する度合いが高いのは、ホウ素とマンガン。それ以外は土壌からの天然供給で間に合っている。そのため、肥料取締法でも普通肥料としての公定規格があるのは、ホウ素質肥料、マンガン質肥料と、ホウ素・マンガンの両方を含む微量要素複合肥料の３つだけである。

ホウ素でもマンガンでも、現在の微量要素欠乏は、土壌中の肥料濃度の高まりと、土壌のpHの上昇がその引き金になっている例が多い。土壌のpHを測って6以上あるなら、石灰などのアルカリ性資材の施用をやめるのが先決である。

微量要素肥料の種類

●ホウ素質肥料…過剰害に注意

ホウ素は、カルシウムと同様に作物の生長組織が細胞を増やす際に必須のもの。土壌にたっぷりあっても、pHが6以上になったり、土が乾燥すると、作物に吸収されなくなる。また、窒素やカリウムが多くなるとホウ素の吸収が下がる。ダイコンやカブは欠乏症が出やすく、芯部が褐色になる。

【ホウ酸塩肥料（ホウ砂）】水溶液はアルカリ性。く溶性36～40％、水溶性5～32％と製品により幅がある。10a当たりの施用量は野菜類で1kg程度、全面散布するなら乾いた土に混合して量を増やして散布・耕起する。葉面散布は水溶性の成分量を確認し、まず温湯で溶かして水で薄める。葉面散布液は、ホウ砂の含有量を0・2～0・3％程度に。

【ホウ酸肥料】すべてが水溶性で54％保証。水溶液は酸性。含有量が多いので、油断すると施肥量が多くなり、過剰害がすぐに出る。葉面散布はホウ砂よりも低コスト。

【熔成ホウ素肥料】く溶性ホウ素15％保証（く溶性苦土も10％保証）。徐々に効果を出すので過剰害は出にくい。

●マンガン質肥料…施用よりpHの診断が先

マンガンは酸性で溶けやすく、pH6・3以上になると不溶化する。石灰が多いとマンガンが吸収阻害を受ける。硫安・塩安などで徐々にpHを下げれば欠乏症は消える。

【硫酸マンガン】水溶性マンガン10％以上保証。水溶液は酸性。速効性なので、緊急時には0・2～0・5％の液肥にして葉面から吸収させることもある。

●熔成微量要素複合肥料…総合ミネラル剤

【F・T・E】マンガン鉱、ホウ砂、長石、ソーダ灰、ホタル石、鉄鉱石などを配合し、高温で融解・急冷・粉砕したガラス質の肥料。マンガンやホウ素を保証するほか、ケイ酸、鉄、亜鉛、銅、モリブデンを含有し、緩効性で過剰害の危険は少ない。欠乏予防のための総合的微量要素肥料である。

微量要素肥料の種類

ホウ素質肥料

ホウ酸塩肥料（ホウ砂）
- く溶性 36～40%
- 水溶性 5～32%
- （アルカリ性）

ホウ酸肥料
- 水溶性 54%
- （酸性）

熔成ホウ素肥料
- く溶性 15%
- （く溶性苦土 10%）

マンガン質肥料

硫酸マンガン
- 水溶性 10%以上
- （酸性）

微量要素複合肥料

F・T・E
- マンガン 19%
- ホウ素 9%
- ケイ酸 28%
- 鉄・亜鉛・銅・モリブデン
- （緩効性）

化成肥料（複合肥料）

高度化成と低度化成の違いは

化成肥料は、窒素（N）・リン酸（P）・カリウム（K）のうち、2種類以上を含む「複合肥料」で、原料となる複数の肥料に化学的処理を加えて、造粒・成形したもの。

主成分のN・P・Kの合計量が30％以上は「高度化成」、30％未満は「普通化成（低度化成）」と呼ばれる。

高度化成は、成分量が多いので、面積当たりの施用量が少なくてすみ、大面積の田畑でも施肥作業を省力化できる。低度化成は、成分量が少ないので、同じ養分量を施すとき、肥料の量は多くなるが、畑作地帯を中心に根強い利用がある。

原料の違いで効き方も変わる

高度化成と低度化成は、成分量の違いだけではない。窒素、リン酸、カリウムの原料が違うことにも注目したい。

低度化成には、窒素分として硫安、リン酸分として過リン酸石灰（過石）が使われており、副成分として硫酸や硫酸石灰（石膏＝イオウと水溶性カルシウムの給源）が必ず含まれている。成分量が40％を超えるような高度化成をつくるときは、副成分の多い原料は使いにくい。そのため副成分のないリン安（リン酸液をアンモニアで中和した複合肥料）や尿素などを原料にしている。

この違いが、効き方の違いとなる。「低度化成のほうが生育がのびのびしている。窒素過多という感じでなく、むりのない順調な育ち方をする」という農家の声は低度化成のもつよさを表している。

低度化成は、硫酸分など生理的酸性を示す副成分を含むので、これまでの指導では、「土壌を酸性化しやすい副成分の多い肥料はできるだけ使用をさける」といわれてきた。土壌養分が過剰になりがちな最近は、事情が変わって「土壌の反応が中性に近く、塩基飽和度が高すぎる土壌には、生理的酸性を示す化成肥料や単肥を使用する」と、指導されている。

高度化成を選ぶめやすは

施肥の省力化のために高度化成を選ぶときは、硫安や過石、硫加などの単肥のよさを残したものを選びたい。たとえば「硫加リン安」のように、肥料名称に「硫」の字がついたものは、リン安では不足する窒素を硫安で補ったものである。

原料のカリ肥料として、塩化カリではなく硫酸カリを使った高度化成は、「S○○○号」とか、アタマにSがついており、Sのついた化成肥料を探せばよい。

また3要素の含有率のバランスにも注意する。3要素のうちリン酸の多いものを山型、逆に少ないものを谷型、同量のものを水平型と呼び、作物の特性を考えて選択する。

高度化成と普通化成

化成肥料（複合肥料）

高度化成（例）	普通（低度）化成（例）
N P K	N P K
16－16－16	8 － 8 － 8
（30%以上）	（30%未満）
（原料）N：リン安・尿素	（原料）N：硫安
P：リン安	P：過石
K：塩加	K：塩加

硫加リン安 …………「硫」がつくのは「硫安」使用の印

○○化成 **S**○○○号‥「S」がつくのは「硫加」使用の印

成分バランスのタイプ

水平型	山型	谷型
	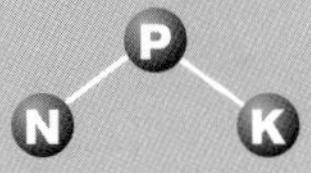	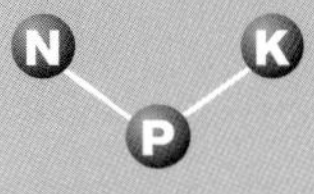
10－10－10	6 － 8 － 4	16－4－16
15－15－15	10－20－10	20－0－13 （NK 化成）
基肥用 （作物全般）	基肥用 （果菜・根菜・花）	追肥用 （葉菜）

配合肥料（複合肥料）

「単肥配合」はアルカリ畑におすすめ

配合肥料は、複合肥料に分類され、肥料要素のうち2成分以上を含むように、肥料原料を機械的に混合したもの。化学的処理を加える化成肥料と違い、単肥を混合しただけのもの。価格は安いが化成肥料より含有成分量は少ない。

配合する肥料原料が、すでに普通肥料として登録されたものである場合は「指定配合肥料」として、届出だけで生産・販売ができる。ただし、有害成分を含有するおそれが高い普通肥料（下水汚泥肥料など）は、原料にすることができない。

古典的な「単肥配合」は、粉状のもので、硫安、過石、硫加などを混ぜたもの。速効性で、基肥・追肥用として市販されている。生理的酸性肥料で、アルカリ化した畑にはとくにおすすめの肥料である。

粒状単肥配合の「ＢＢ肥料」

粉状の単肥を配合したものは吸湿性が高く、かたくなりやすいが、粒状のＢＢ肥料はその欠点も少なく、扱いやすい肥料として急速に利用が増えている。ＢＢとは、Bulk（バルク＝粒）Blending（ブレンディング＝配合）の略。粒状配合肥料とも呼ばれる。ほぼ各県域に配合肥料工場があり、単肥のメーカーなどから供給された粒状の原料を、個別にブレンドして専用肥料がつくられている。たとえば、石川県内の稲作専用肥料「ＢＢいしかわ春の香（8－13－10）」は有機肥料と無機肥料を配合した水稲基肥。有機態窒素を約50％含み、減化学肥料も可能というもの。緩効性窒素を配合して穂肥の時期に肥効が出る基肥一発肥料もある。

単肥配合を手づくりすれば、コストは安くなる。北海道空知地域のゴボウ栽培農家3人で小型の肥料配合機を購入し、尿素、リン安、塩加を単肥配合することで、肥料代を5割近く削減させている。春に、3人が2日の作業をするだけで1年分の配合肥料が確保でき、収量は化成肥料と変わらない。

肥料の配合に禁じ手あり

配合肥料を購入する際には、その原料を確認すること。窒素分が硫安なのか、尿素なのか、リン安なのか、有機質肥料の油かすなのかで、肥効特性は変わってくる。

前述した「指定配合肥料」の条件をみると、配合肥料の禁じ手もわかる。アルカリ性肥料（石灰質肥料など）をほかの肥料と混ぜてはいけない。化学反応のおそれあり。石灰質肥料にアルカリ性の苦土肥料を配合するのはよいが、水溶性苦土を保証した肥料（硫マグ）はダメ。非水溶化するおそれがある。まちがっても硫安などに苦土石灰・草木灰などを混合しないように注意したい。

配合肥料の種類と特徴

配合肥料（複合肥料）

単肥配合（粉状）	BB肥料（粒状）	有機入り配合肥料
N P K 7－7－7	N P K 14－10－10	N P K 8－8－8
（速効性）	（速効性）	（速効性＋緩効性）
基肥・追肥用	基肥・追肥用	基肥用
硫安・過石・硫加などを混合	リン安・塩加主体に粒状単肥配合	油かす・骨粉などに単肥を混合

従来の化成肥料

1粒ごとに全部含む

BB肥料

1粒ごとに1要素

（禁）混ぜてはいけない肥料

（アルカリ性肥料）（硫安・塩加など）

肥効調節型肥料

ゆっくり効かせるエコな肥料

肥効調節型肥料とは、肥効を長く持続させるためさまざまな方法で肥料成分の溶出を調節した化学肥料のことをいう。肥料成分のむだな流出を防ぐことによって、減肥や追肥回数の軽減が可能となる。全量基肥施用でも、施肥初期の肥効発現が抑えられるので、濃度障害が回避できる。肥効調節型肥料には、大きく分けて、化学的に合成した「緩効性窒素肥料」と、肥料に被膜をかぶせた「被覆肥料」がある。

緩効性窒素…水分・地温で肥効に差が

緩効性窒素肥料は、魚かすや油かすなど、天然の有機質肥料と似た窒素の肥効を示すように開発されたもの。代表的なものに、尿素を水に溶けにくい形にしたIBとCDUがあり、おもに化成肥料の原料に緩効性窒素として使われる。

【IB窒素】水に少しずつ溶けて、ゆるやかに作物に吸収される。水に溶けると尿素が分離して炭酸アンモニアになり、硝酸に変わって作物へ。その分解速度が魚かすなどに似ており、有機質肥料の代替として使われる。IB窒素は加水分解で窒素が出てくるので、土壌の水分状態によって肥効が違う。水分含量が高いときは分解が早く肥効も早いが、乾いたところでは分解しにくい。また、粒の大小が肥効の長短を支配し、大粒のものほど緩効性が高い。IB入り化成は、IB窒素の混入割合と粒の大小から緩効度を判断する。

【CDU窒素】土壌中の微生物によって有効化する。このため、地温の高低が窒素肥効の長短を支配し、地温が13℃以下になると、ほとんど肥効がなくなる。また、連用するとCDU分解菌が増えて緩効性が低下する。CDU入り化成は、初期に効く硫安やリン安に、緩効性のCDU窒素を加えた、生育期間の長い野菜向けの基肥専用肥料である。

被覆肥料…窒素成分の溶出は3パターン

被覆肥料は、水溶性の尿素や高度化成をイオウや合成樹脂などの被膜で覆うことにより、肥料成分の溶出量や溶出期間を物理的に調節するように造粒されたもの。LPコートのように合成樹脂の被膜のものが多いが、イオウなど生分解性の被膜を使った被覆肥料（次頁）も販売されている。

肥効調節型肥料の窒素成分の溶出パターンを分類すると、放物線タイプ、リニア（直線）タイプ、溶出開始が遅いシグモイド（S字）タイプに分けられる。このような剤型のタイプと溶出期間をふまえて、作物の養分吸収特性に合った肥料を選ぶことが大切になる（トマト・キュウリなど、長期収穫で安定した肥効が必要なら放物線かリニアタイプ、メロン・スイカのような尻上がり養分吸収型ならシグモイドタイプ）。

肥効調節型肥料の種類と特徴

肥効調節型肥料

緩効性窒素肥料

IB化成
N　P　K
10－10－10
尿素入りIB化成 S1号

水にゆっくり溶けて長く効く

加水分解で有効化

注）土が乾いていると分解しにくい

CDU化成
N　P　K
16－8－12
CDU複合燐加安

微生物

微生物により有効化

注）地温 13℃以下ではほとんど肥効なし

被覆肥料

LPコート
エムコート
イオウコート
など

イオウ被覆肥料の構造と溶出のしくみ（リニア型）

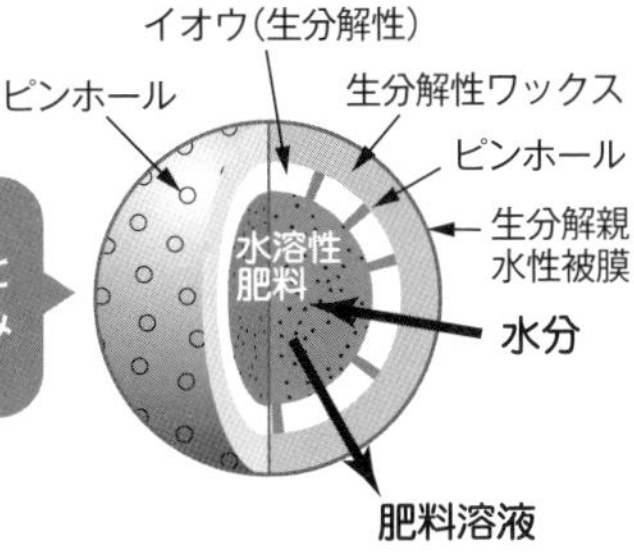

被覆肥料の窒素成分の溶出パターン

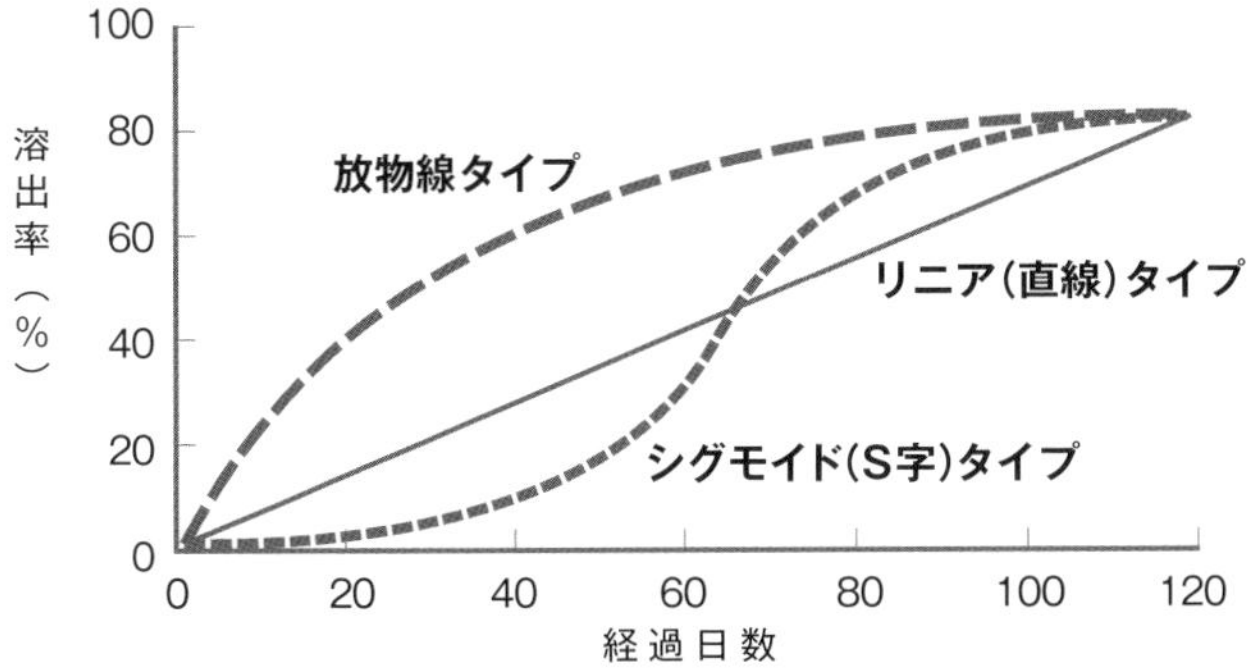

尿素で減農薬

尿素は優秀な肥料

尿素には、窒素成分が40％以上も含まれ、窒素質肥料のなかでは最も高い含有率である。施用すると、すばやく水に溶け、アンモニアと硝酸に変わる速効性があり、追肥に適した肥料といえる。畑にまいたり、水に溶かして葉面散布したりするのが、肥料としてのおもな利用法だ。20kgで約2,000円という手ごろな価格も広く利用される理由である。

また、尿素が配合されたハンドクリームや化粧水も人気で、利用は農業分野にとどまらない。

農薬＋尿素の効果

尿素には作物を活性化する役割があるので、勢いが増した作物は、必然的に病害虫に強くなる。また、リン酸やカリを浸透しやすくする働きも備えている。農薬と混用すると、植物の表皮をゆるめて、農薬成分の浸透を助ける性質があるので、少量の農薬を効率よく使うことができる。

アメリカでは、除草剤に尿素を混ぜる方法が一般的だ。しぶとい雑草にも除草剤がよく浸透し、効果的である。近年の農薬の値上がりも手伝い、日本では除草剤だけでなく、さまざまな農薬と尿素との混用利用が広がっている。尿素は展着剤のような作用もあるので、農薬と混ぜるととろみがつき、作物にしっかりからみつく。したがって、規定倍率以上に薄めた農薬でも、尿素を加えれば効果は増す。

注意すべき点もある。尿素には吸熱作用があるので、水で希釈した農薬に尿素を混ぜても、すぐに作物に散布してはならない。水温がぐんと下がった水は、作物にとって負担になる。また、やりすぎないようにすることも重要だ。

尿素肥料

第7章

有機質肥料の種類と特徴

有機質肥料とは、動物や植物由来の原料からつくられる肥料のこと。その特徴は、土壌中で微生物に分解されて、養分がゆっくりと放出される点にある。
魚かすや骨粉、ナタネ油かすなど、含まれる成分や効き方はさまざま。それらをきちんと把握することが重要だ。

植物油かす類ほか

窒素肥料の主役は「植物油かす」

植物油かす類のなかで最も多く利用されているのが、ナタネ油かす。多くは中国やインドからの輸入品である。ダイズ油かす（豆かす）も大量に輸入されているが、こちらは家畜の飼料としての利用が多いものの、用途は競合している。

【ナタネ油かす】 主成分は窒素（5〜6％）。リン酸やカリウムも多少含む。肥効が長続きする緩効性肥料として、土壌の物理性改善や、土壌微生物を増やす働きも大きい。

【ダイズ油かす】 こちらも窒素が主成分（7％）。分解速度はダイズ油かすが最も速く、ナタネ油かすは遅い。肥効の速さではダイズ油かすが有機質肥料のなかでトップ。

ただし、植物油かすは分解される過程で有機酸を発生するため、畑に入れてすぐに播種すると発芽障害を起こす。油かすは基肥として、作付けの2週間以上前に土に混ぜておくことが必要だ。生育障害が出ず、おすすめしたいのが、発酵油かす（ボカシ肥）にすること。発酵処理すれば施肥後1週間で作付けができ、追肥にも使える。また、油かすを水に入れて発酵させ、追肥用の液肥をつくることもできる（次頁）。

代表的な有機質カリ肥料「草木灰」

油かす類は窒素が主体で、カリウムやリン酸は少ない。そこで有機質肥料として油かすと一緒に施したいのが草木灰。草木灰は古くから使われている代表的な有機のカリ肥料で、リン酸や石灰も含む。肥料成分は灰にした植物によって異なるが、樹木の灰ではカリウム7〜8％、リン酸3〜4％、石灰分を11％程度含んでいる。果樹の剪定枝、落ち葉やワラ類などを焼けば自給もできるが、市販品もある。

草木灰は強いアルカリ性なので、使いすぎによる土壌のアルカリ化に気をつけたい。アルカリ性肥料は混用にも注意が必要で、硫安や過リン酸石灰などは草木灰と混用散布できないことも知っておきたい（155頁）。

米ヌカは遅効性のリン酸肥料

米屋や精米所から安く入手できる米ヌカ。成分をみると、リン酸の多い有機質肥料である。しかし、脂肪分が多いので水をはじき分解が遅い。次頁の図をみても、米ヌカの分解（無機化）はいちばん遅い。緩効性のリン酸肥料である。

基肥に使うこともできるが、米ヌカには糖分やタンパク質も多く微生物の大好物で、堆肥を積み込むときに混ぜると腐熟が早くなり、悪臭も出にくい。

おすすめは、米のモミがらを積んで、たっぷりの米ヌカを混ぜ込み、水分を調整してブルーシートをかけてつくる「リン酸豊富なモミがら堆肥」である（106頁）。

油かす肥料のいろいろ

植物性有機質肥料の成分量

(%)

	N	P	K	Ca
ナタネ油かす	5～6	2	1	
ダイズ油かす	7	1	2	
草木灰		3～4	7～8	11
米ヌカ	2	4～6	1.5	

植物油かす類の肥効（無機化）特性

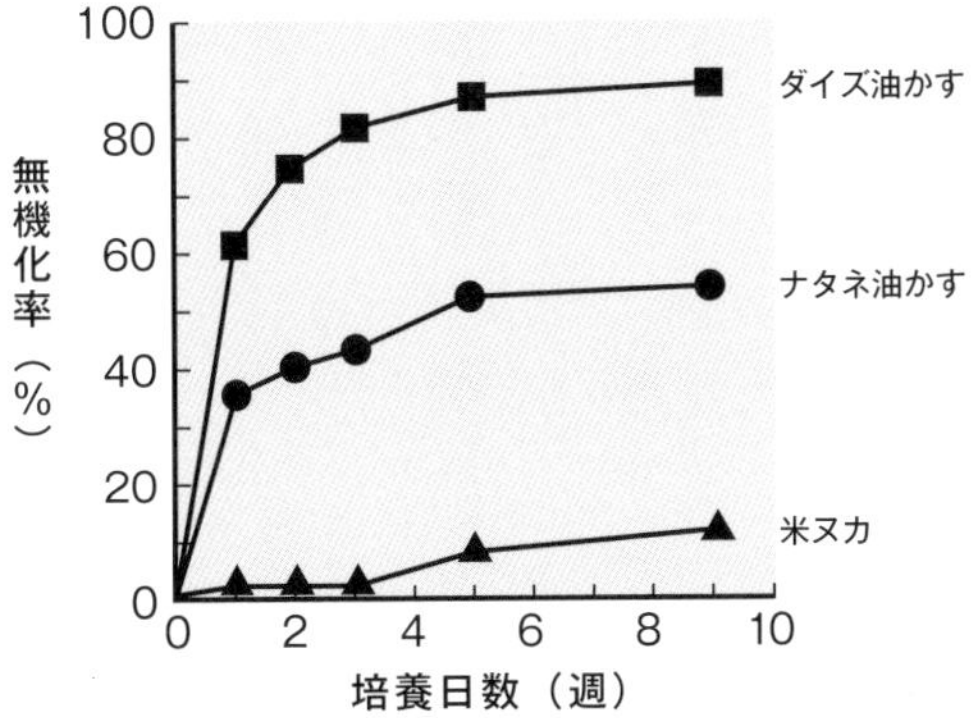

（資料：清和肥料工業（株）ホームページ「有機質肥料講座」）

油かす液肥（追肥用）

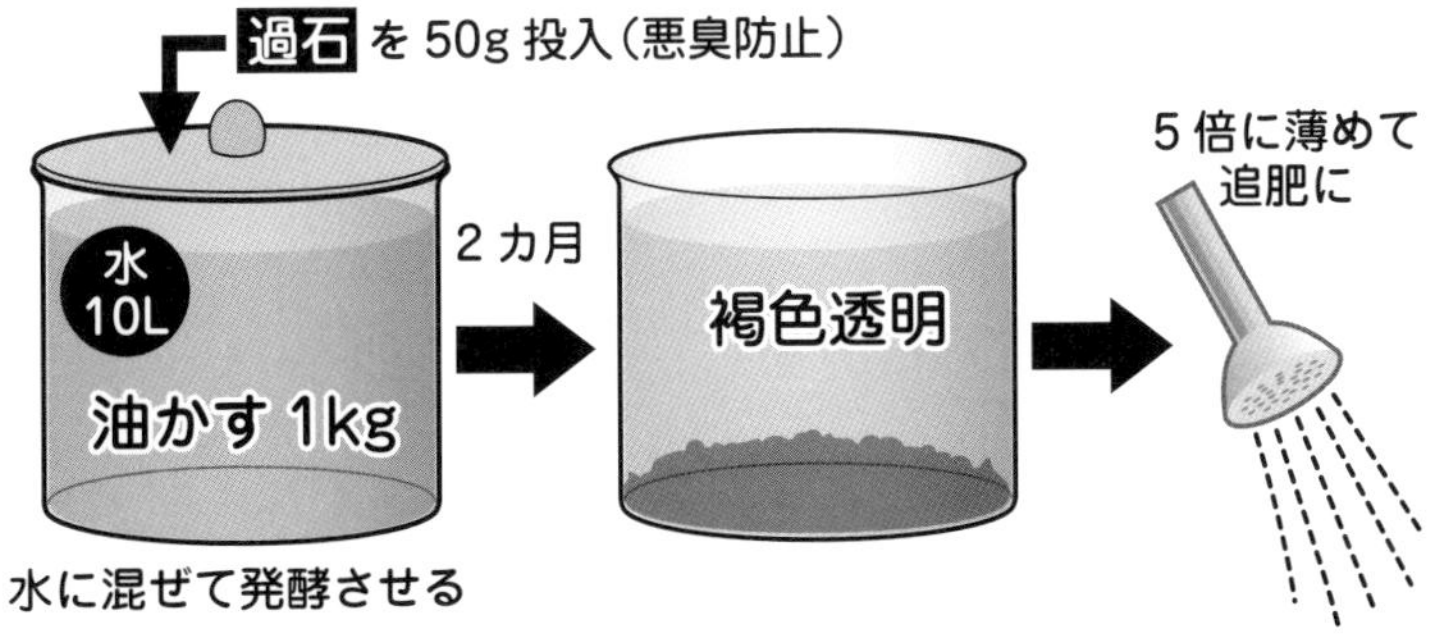

魚かす・蒸製骨粉ほか

味をよくする動物質肥料「魚かす」

動物系有機質肥料の代表が、魚かす。生の魚（イワシやニシンなど）を水煮し、圧搾して油を抜いて乾燥させたもの。魚粉としてペルーやチリなどから大量に輸入されているが、家畜の飼料向けが多く値段も高い。

一般的な魚かすは、窒素7～10％、リン酸4～9％を含み、カリウム分はほとんどない。窒素はタンパク質で、微生物によって分解されて徐々にアンモニアに変化する。アミノ酸としても吸収され、リン酸分も効きやすく、作物の味をよくする肥料として果菜類や果実の栽培に利用する農家が多い。

地温の高低によって分解速度はあまり変わらず、比較的速効性の肥料で、基肥・追肥のどちらにも使える。寒冷地や砂土・重粘土の畑でも肥効が高く、分解しながら吸収されるので養分の損失が少ない肥料である。ただし、一度に多く施すと土壌中にアンモニアがたまり、品質を落とす場合がある。

リン酸豊富な緩効性肥料「蒸製骨粉」

一般に、骨粉として市販されているのは、牛や豚などの動物の骨を砕いて加圧高温で蒸製し、脂肪と大部分のゼラチン質を除いた「蒸製骨粉」のこと。

骨粉の成分は、窒素4～5％、リン酸18～22％。肥効は緩効性で残効も長く、基肥用の優れたリン酸肥料である。根や微生物の分泌する有機酸に溶けて吸収されるため、中性やアルカリ性の土壌では肥効が落ちる場合がある。

早く効かせたいときは、粒の細かいものを選ぶこと。また、速効性のリン酸を含む魚かすや草木灰、あるいは過リン酸石灰を加えて、初期の吸収を補うとよい。

ＢＳＥ（狂牛病）の発生以来、骨粉質類の海外からの輸入が禁止され、国内産の豚や鶏の骨粉が流通しているが、リン酸含量は低い。国内産の牛骨粉もあるが、死亡牛は使用できず、脊柱を除くなどの規制があり、流通量は少なく価格も高い。畜肉生産の副産物として、利用価値はいまも大きい。

病害軽減効果もある「カニ殻」

養分供給のほかに、病害軽減の効果もあり人気なのが「カニ殻」。カニやエビの殻を粉砕したもので、普通肥料の公定規格では甲殻類質粉末に区分される。粉末にせず原材料がわかるものは、特殊肥料として届出だけで製造販売ができる。

カニ殻は、窒素とリン酸を各4％程度含み、緩効性で肥効は米ヌカ並み。特徴は、主成分としてキチン質を含むこと。連用すると土壌中にキチン分解菌（放線菌）が増え、糸状菌（カビ）の細胞壁のキチン質を分解するため、フザリウム病などのカビによって起こる病気の予防・軽減に効果がある。

動物系有機質肥料のいろいろ

動物系有機質肥料（単肥）

魚かす

N7～10%

P4～9%

やや速効性

基肥用

●果菜・果樹の味向上

蒸製骨粉

N4～5%

P18～22%

緩効性

基肥用

●長く効くリン酸肥料

カニ殻《がら》

N4%

P4%

緩効性

基肥用

●病害軽減効果あり

（フザリウム病を抑制）

＊いずれも、粉末にせず、原料のわかるものは、『特殊肥料』として知事への届出だけで生産・販売できる（成分保証なし）。

家畜糞類

義務付けられた成分表示

鶏糞・豚糞・牛糞などの家畜糞は、肥料取締法では「特殊肥料」に指定されている。「特殊」に特別の意味はなく、普通肥料と区分するだけの法律用語。特殊肥料の種類としては「動物の排せつ物」あるいは「堆肥」となり、地元の都道府県知事に届出をすれば生産・販売が認められる。

市販の「家畜糞」や「堆肥」は、品質にバラツキが大きいことが問題になり、２００５（平成17）年から、肥料の種類だけでなく品質表示が義務付けられるようになった。次頁に「発酵鶏糞」の品質表示例を紹介した。

肥料の種類は「堆肥」、原料は「鶏糞」、それに「主要な成分の含有量等」として、窒素・リン酸・カリウムなどの含有量（%）が表示されている。この含有量は、生産者が独自に測定したもので、「保証成分量」ではない。成分量は生産された季節によっても変動するので、あくまでも「めやす」としての数字であることを知っておきたい（大量にバラ買いするときは、販売元に届出成分を確認すること）。

「家畜糞堆肥」の特徴は？

特殊肥料として袋詰めで販売される家畜糞は、どれも「発酵牛糞」など、名前に「発酵」を付けているものが多くなっている。鶏糞はそのままを発酵させたものが多いが、水分の多い牛糞や豚糞は、水分調整と発酵促進のためにオガクズなどを加えてから堆肥として熟成させているので、それだけ肥料成分量は低くなる。

家畜糞堆肥の種類別に肥料成分を見てみると、次のような特徴がある。

【牛糞堆肥】カリウムがやや多い。肥効はやや遅い。
【豚糞堆肥】リン酸が牛糞より多い。肥効はやや速い。
【鶏糞堆肥】リン酸・石灰分が多い。肥効は速い。

３つを比較すると、成分量の少ない牛糞堆肥や豚糞堆肥は、おもに有機物の補給による土壌改良的肥料で、鶏糞堆肥は、有機質肥料そのものである。

おすすめの有機質肥料「発酵鶏糞」

有機質肥料としておすすめなのは「発酵鶏糞」。においも少なく扱いやすい粒状であり、リン酸分の多い普通化成並みの速効性肥料で、値段も安い。ただし、発酵しているとはいえ、未完熟の鶏糞であることを意識して使うこと。

鶏糞主体に有機栽培を実践している農家は、鶏糞を全層には混ぜ込まない。株間・うね間・通路への表面スポット施肥で、種や根から離して施す。輪作によって前作の残効も活かし、多品目のおいしい野菜をつくっている（次頁）。

家畜糞の利用

品質表示の例（発酵鶏糞）

肥料取締法による表示	
肥料の名称	発酵けいふん
肥料の名称種類	たい肥
届出をした都道府県	茨城県（第●●号）
表示者の氏名又は名称及び住所	
●●●●●●株 式 会 社	
茨城県小美玉市	
正味重量	15 kg
生産した年	袋上部に記載
（原料）	鶏ふん
主要な成分の含有量等	
窒 素 全 量	3.1%
りん酸全量	3.7%
加 里 全 量	3.2%
石 灰 全 量	14.6%
炭素窒素比	5.7

発酵鶏糞はにおいも少なく普通化成並みの肥効。

成分の比較（特殊肥料の平均成分：農水省調べ）

牛糞
N・P・K
1.9 - 1.2 - 3.5
（%）
カリウムが多い

豚糞
N・P・K
1.8 - 1.7 - 0.7
（%）
リン酸が多い

鶏糞（乾燥）
N・P・K
3 - 5 - 2.4
（%）
成分バランスがよい

乾燥・発酵鶏糞の使い方（追肥の例）

株間にまく

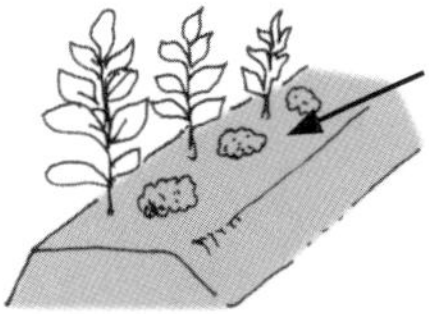

ナス、トマトなどの果菜類やマメ類、ジャガイモなど

うね間にまく

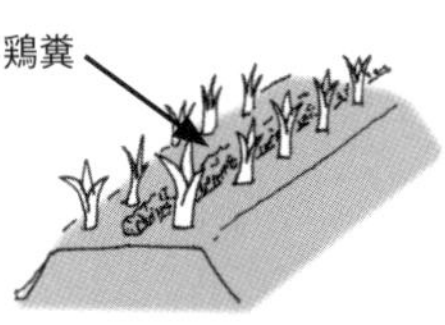

ゴボウ、ニンジン、ゴマ、ネギ、ニラなど

通路にまく

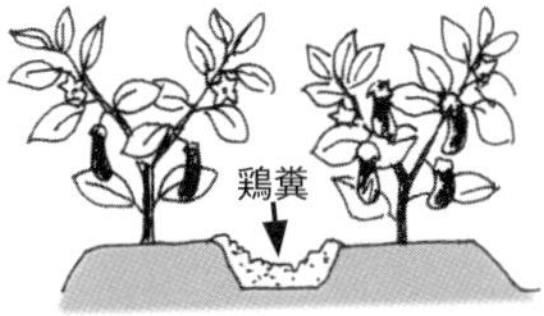

根が遠くまで伸びているようなら通路へ、まだ通路までは伸びてなさそうでも肥料をほしがっているようならうねの肩へ、というように、野菜の生長をみながら調節する

各種市販堆肥

「土づくり堆肥」か「栄養堆肥」か

市販の堆肥は（自給堆肥も含めて）、大きく分けると、肥料成分の少ない「土づくり型堆肥（木質堆肥）」と、肥料成分の多い「有機質肥料型堆肥（栄養堆肥）」とに分けることができる（次頁）。

肥料成分が比較的多い堆肥には、豚糞堆肥や鶏糞堆肥、それに下水汚泥などからつくられる汚泥コンポストがあり、有機質肥料的効果が高い。

また肥料成分が少ない堆肥としては、バーク（樹皮）堆肥、牛糞堆肥などがある。ほかにも、家庭菜園やプランター栽培でよく使われる「腐葉土」は「落ち葉堆肥」に区分され、土づくり型堆肥のひとつである。このタイプの堆肥は、土壌の有益微生物の活性化や、保水性や通気性などの物理性改良効果が高い。

両タイプは、分解の速さ（肥効の出方）にも違いがある。

品質表示・C／N比にも注目を

94頁で紹介したように、市販の堆肥には、肥料取締法による品質表示の義務があり、その表示項目に「炭素窒素比」がある。C／N比とも呼ばれ、有機物の成分に炭素（C：おもに繊維質）が多いか、窒素（N：おもにタンパク質）が多いか、その成分比を示す指標である。

堆肥の原料になるものでC／N比が30を超える（窒素が少ない）のは、オガクズ、バーク、稲わら、麦わらなど。これをそのまま畑に施すと、分解のために土壌窒素が使われて、作物は窒素飢餓になり、生育障害を起こす。反対に鶏糞や油かすなどは窒素の多い（C／N比の低い）有機物で、やりすぎると窒素過多の生育障害を起こす。

堆肥にするのは、このC／N比を調整して、窒素飢餓を出さないようにするのが目的。安心して使える良質堆肥は、C／N比が10～20の範囲にあるものとされている。10より低いもの（鶏糞堆肥など）は分解が速いので、やり過ぎには注意が必要である。

「バーク（樹皮）堆肥」の注意点

いま「土づくり型堆肥」として利用が多い「バーク（樹皮）堆肥」は、製紙工場や製材工場から廃棄物として出る樹皮を粉砕して、発酵菌や家畜糞・尿素などを加えて腐熟させたもの。野積み、堆積の期間が長く、切り返しの回数が多いほどバークはよく腐熟し、タンニンやフェノールなどの有害物質も少なくなる。しかし、市販品は未熟なものも多いため、注意が必要である。また、針葉樹のバークはおすすめできない（選び方のポイントは次頁）。

堆肥の選び方のポイント

堆肥に２つのタイプ

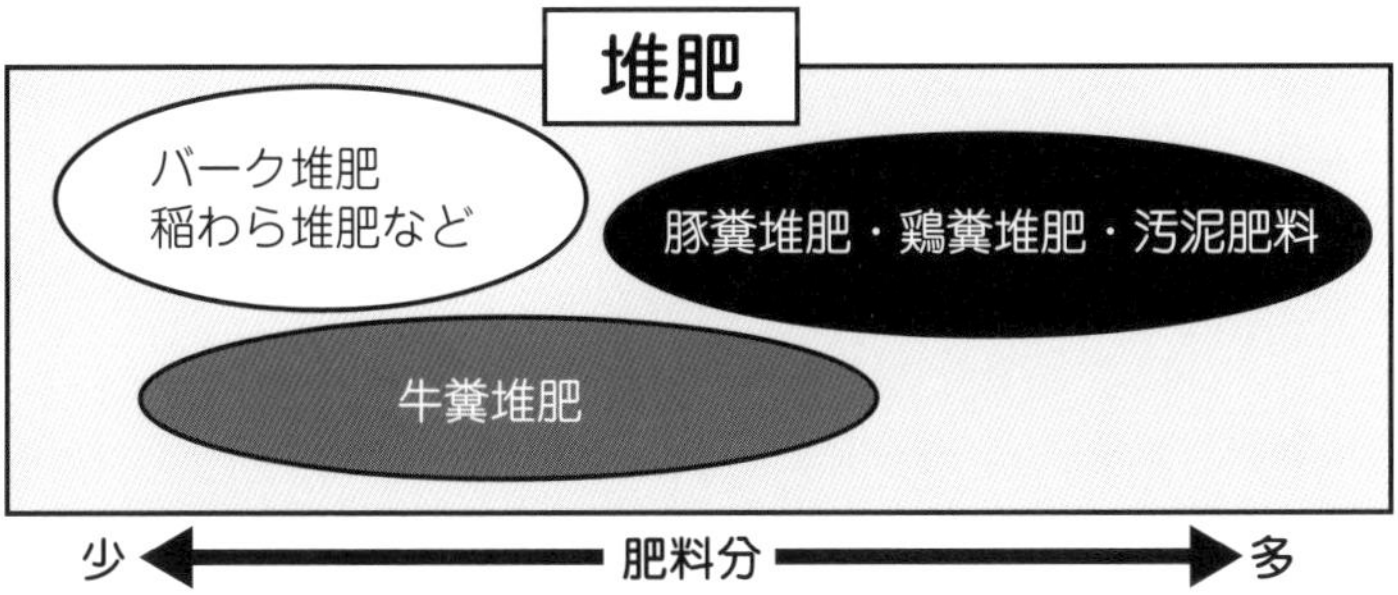

（資料：中央農業研究センター　木村一部改訂　原図　安西）

バーク堆肥のチェックポイント

- □ **原料は広葉樹か？**
- □ **野積み期間は３年以上か？**
- □ **発酵期間は５カ月以上か？**
- □ **好気性発酵か（黒より赤褐色）**
- □ **塩分が多くないか？**
  （海中貯蔵外材、豚糞利用）

有機入り化成を選ぶめやすは

名ばかりだった、かつての「有機入り」

いまから39年前(昭和50年)、有吉佐和子の『複合汚染』が反響を呼び、有機農業に関心が高まったころ、高度化成の連用で生理障害や病気が増えた野菜産地に、有機入り化成肥料が盛んに売り込まれた。当時の有機入り化成には、有機態窒素を1%以上含むものは少なく、なかには0.2%程度のものさえあるという、名ばかりの有機入りが多かった。その理由は、たった0.2%しか有機態窒素を含んでいなくても、農林水産省のおスミつきで「有機入り」の名前を付けることができたからである。この表示ルールは、いまも変わらずに続いている。

有機入りは、有機質の中身と量がいのち

「有機質の原料を使ったことを肥料の名称のなかに示したいときは、どのような原料を使用した場合でも、『有機入り』という文字にすること」というのが表示のルールになっている。

ナタネかすなど成分含量の少ない有機質原料が多くなると、肥料成分量は８－８－５など低度化成なみに少なくなる。有機入りでも高度化成並みに成分量が多い肥料は、有機質原料が20%以下のものが多い。

「有機入り」は、有機質原料の中身と量がいのちである。有機質肥料の特性である、ゆっくり窒素が効く緩効性を期待するなら、有機態窒素の量がめやすになる。しかし、袋の保証票には有機態窒素の成分表示はない（販売元の製品案内などから製品成分表を確認)。有機質肥料の肥効を生かしたいときは、中身の材料が見えず割高な有機入り化成よりも、中身がみえる有機入りのＢＢ(粒状配合)肥料がおすすめである。

第8章

土づくりと施肥の工夫

肥料となる植物を植えて畑にすき込む、油かすや米ヌカなどを発酵させて使うなど、多くの農家が、さまざまな実践に取り組んでいる。大切なのは、身近な資材を使い、作物や自分の畑にあわせて工夫していくこと。

また、雑草の種類で土のなかの養分の状態などを判断する方法もある。

土壌改良資材の活用

土壌改良が必要な理由

田畑の土壌の多くは、何らかの作物生産力阻害要因を抱えている。また、耕地でどんな作物を育てるかによっても、必要な土壌条件は変わってしまう。生産力を向上させるためには、生産力阻害要因を土壌診断により分析し、作物に適した改善対策を行う必要がある。このことを土壌改良という。

日本の農地の生産力阻害要因は、大きく分けて2つある。1つは土壌物理性に関わる要因であり、もう1つが土壌化学性に関わる要因である。土壌改良の方法は、基盤整備や客土といった土木工学的な手法のほか、耕種的な手法として、表層土と下層土を反転させる天地返し、深耕といった方法が考えられる。

一方で、土壌の性質を変え、土壌改良の効果を高めるために土壌改良資材が用いられる。

たくさんの種類がある土壌改良資材

土壌改良資材は、有機物系資材と無機物系資材に大別される。一般に土壌改良資材といわれているもののなかには、肥料取締法による肥料に該当するものや、地力増進法により定められた12の政令指定土壌改良資材、その他微生物資材などがあり、その種類は多岐にわたる。政令指定された12の土壌改良資材については、原料や用途、施用方法などの情報を表示する義務がある。

用途にあった資材の活用を

有機物系資材の種類と用途はさまざまだ。

土壌の保水性・保肥力改善には、炭を原料にしたものが用いられる。養分補給には、家畜堆肥やバーク堆肥、土壌化学性の改良と養分補給には、貝やカニ殻の粉末などが有効である。有機物の発酵を促進し微生物相を改善するには、微生物資材が用いられる。

もう一方の無機物系資材の種類も多岐にわたる。

土壌のpH調整や土壌化学性の改良を目的とするなら、石灰やリン酸、ケイ酸などを含む肥料や鉱滓《こうさい》などを施用する。また、土壌の保水性や保肥力などの土壌の物理性や物理化学性の改善を目的として、ベントナイト、ゼオライト、バーミキュライトなどの鉱物質土壌改良資材も用いられる。土壌の団粒化を促進するためには、合成高分子系土壌改良資材が施用される。

便利な土壌改良資材が多く出回るようになった昨今、手づくり資材も再び注目されてきている。米ヌカやモミがらなど身近なものを用いてつくった土壌改良資材の利用が広がっている。

土壌改良資材の位置づけ

肥料と土壌改良資材の関係

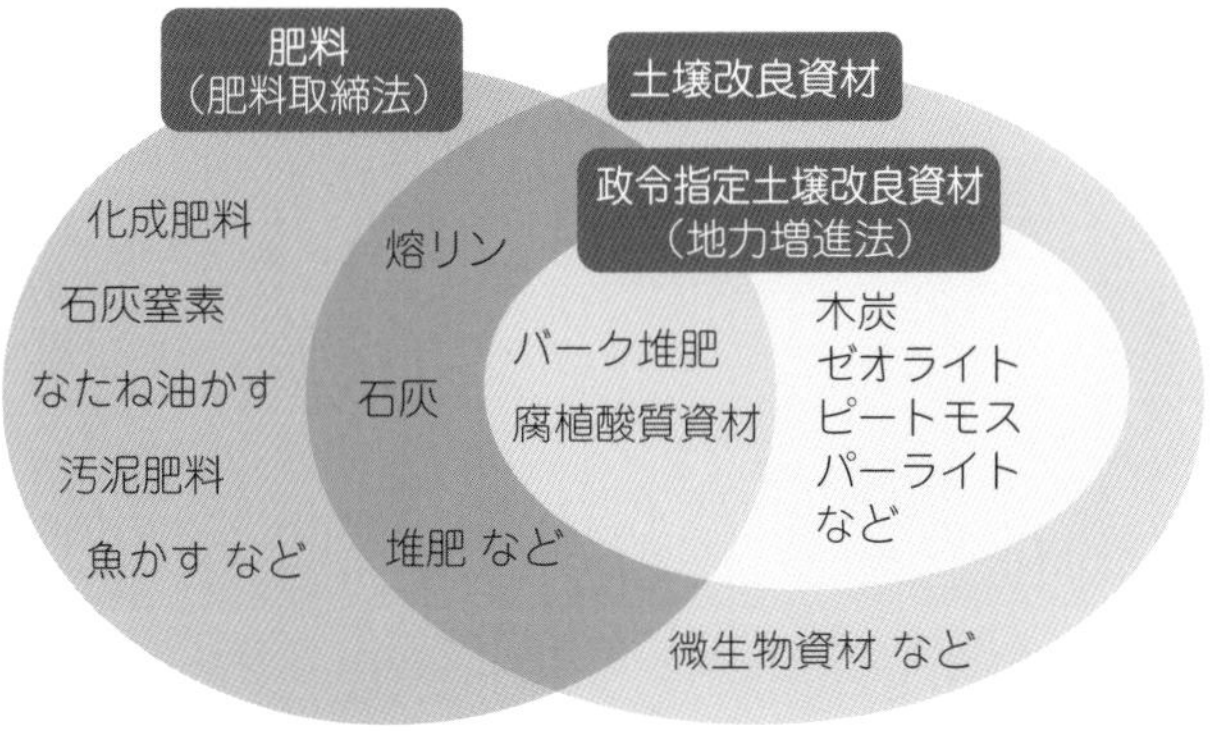

（資料：神奈川県「作物別施肥基準（平成 24 年度版）」

政令指定土壌改良資材の種類と用途

土壌改良資材の種類	用途（主たる効果）
泥炭（ピート）	
有機物中の腐植酸含有率が 70%未満	土壌の膨軟化、土壌の保水性の改善
有機物中の腐植酸含有率が 70%以上	土壌の保肥力の改善
バーク堆肥	土壌の膨軟化
腐植酸質資材	土壌の保肥力の改善
木炭	土壌の透水性の改善
けいそう土焼成粒	土壌の透水性の改善
ゼオライト	土壌の保肥力の改善
バーミキュライト	土壌の透水性の改善
パーライト	土壌の保水性の改善
ベントナイト	水田の漏水防止
ＶＡ菌根菌資材	土壌のリン酸供給能改善
ポリエチレンイミン系資材	土壌の団粒形成促進
ポリビニルアルコール系資材	土壌の団粒形成促進

（資料：神奈川県「作物別施肥基準（平成 24 年度版）」）

「不耕起」という土づくり

耕さない農業

通常の田畑では、種まきや田植え、定植の前には、土壌を耕す。一方、耕起、砕土、整地、中耕、水稲の代かきなどの耕す作業を省略する栽培法を「不耕起栽培」という。この不耕起栽培が、土づくりの面でも注目されている。

不耕起栽培は、土壌侵食を防止する栽培法として、アメリカではじまった栽培法である。不耕起栽培の短所である雑草の繁茂を防ぐ除草剤が実用化されるにつれ、不耕起栽培も普及。現在は、南北アメリカで広く行われている。

耕さないことのメリット・デメリット

土壌侵食防止のほかにも、不耕起栽培にはさまざまな利点がある。第一に、耕起作業をしないので省力化できること。日本でも1戸当たりの耕作面積が広がるにつれ、作業の省力化が必要になり、不耕起栽培が注目された。

その他、土壌水分保持力の向上、耕盤（機械の使用などできる土中のかたい層）をつくらないなどの特性もある。また、不耕起栽培によって前作の根穴にミミズや微生物が繁殖し、土は表層から次第に団粒化していく。耕起することで分解が早まる有機物も、数年耕起しなければ土中に残り、団粒化に寄与する。耕作機械を使わないので石油エネルギーの節減につながり、環境にやさしい栽培法だともいえる。

短所は、雑草が生えやすいことだ。除草剤を使うとなると経費がかさみ、環境汚染にもつながってしまう。また、寒冷地では地温上昇不足による出芽遅延、病害虫発生の増大、作土の硬化、排水不良地における排水対策などに備える必要がある。

不耕起栽培で作物が生育しやすい環境をつくる

アメリカではダイズ栽培のおよそ半分が不耕起栽培である。アメリカほどの広がりはないが、日本の気候条件にあった不耕起栽培の実践が次第に注目されつつある。

たとえば、不耕起かつ草生栽培のダイズ畑がある。そこでは、3年目から炭素が表層に集まり、次第に土壌が団粒化し、土壌動物が増えたという。さらにセンチュウ害が減り、緑肥（１０４頁）のマルチで土もふかふかになったことが報告されている。

かたい粘土質土壌だったアスパラ畑では、不耕起栽培に切り替えたところ、極端に低かった気相の割合が増えた。その結果、三相分布（10頁）は理想とされるバランスに改善した。不耕起栽培によって作物が生育しやすい状態をつくり出す工夫が、各地で実践されている。

不耕起栽培の効果

不耕起栽培のメリット

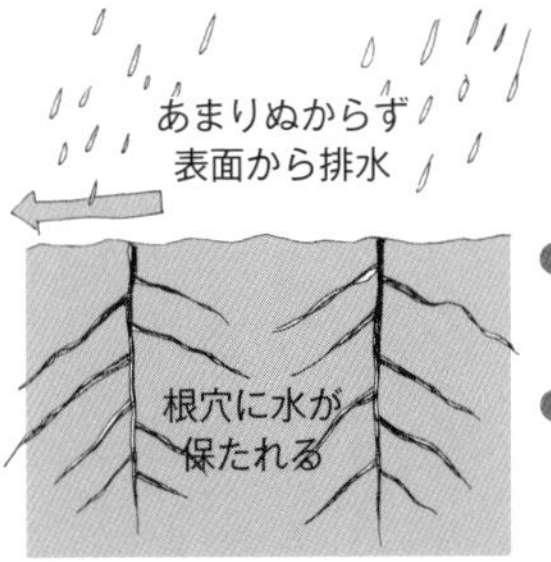

- 水はけがよいので、雨が降ってもすぐ乾く
- 根穴を通じて、土中深くまで適度に水を吸収する

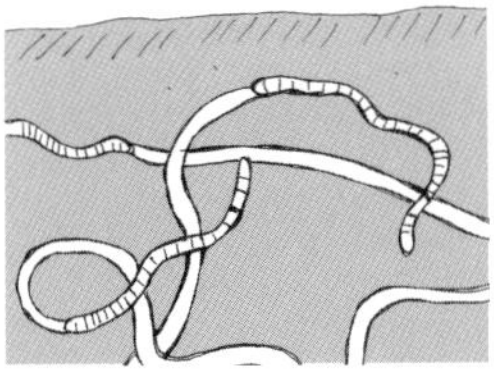

- ミミズにより、土が耕され、根が伸びやすい土になる
- ミミズの糞により、土が肥える

耕うん方法別のセンチュウ密度と陸稲の収量

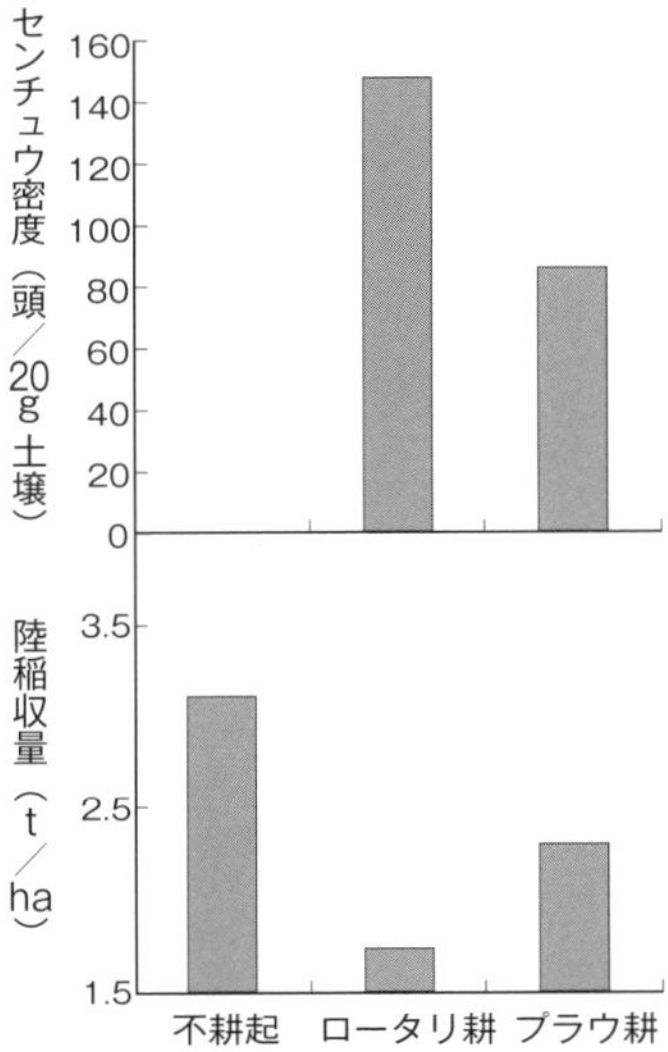

注. 各耕うん方法は継続 4 年目

▲ 20 年間不耕起のある施設栽培ナス。外から種が入らず、土も動かさないため、雑草もほとんど生えない

（資料：「月刊 現代農業」2013 年 3 月号、農文協）

緑肥栽培で土づくり

肥料のための植物

緑肥とは、作物に養分を供給するために圃場で栽培し、収穫せずにそのまま土壌にすき込む植物のこと。すき込んだあとに土壌中で腐熟し、肥料になる。

緑肥には、レンゲ、クローバー、クロタラリア、ヘアリーベッチなどのマメ科植物のほか、菜の花、ソルゴー、エンバク、ライムギ、ヒマワリなどがよく利用される。

硫安や尿素などの安価な化学肥料が流通する以前は、窒素肥料になるものは貴重で、人間の糞尿や雑魚とともに緑肥もよく使われていた。１９４０年ごろまでは、レンゲや青刈りダイズなど、マメ科の緑肥作物が盛んに栽培されていた。

再び注目される緑肥

近年、再び緑肥が見直されている。以前の窒素肥料としての働きというより、土壌の物理性改善、有用微生物の増加、土壌病害やセンチュウ害の抑制、雑草の抑制、施設栽培での余分な養分の除去（クリーニングクロップ）などの効果を期待してのことである。また、風害予防、凍結防止、防虫などの効果も期待されている。

センチュウ害の抑制については、土壌消毒に代わる対策として注目されている。たとえばジャガイモシストセンチュウには、ナス科のロケットリーフ栽培が効果的だという報告がある。ある調査では、緑肥として育てたロケットリーフが上手に育った圃場では、センチュウ密度がほかの圃場の２分の１だったという。キタネグサレセンチュウの対抗作物としては、ヘイオーツ（エンバク野生種）が効果を上げている。

またカラシナ、チャガラシは、燻蒸作物（土壌燻蒸剤を使うかわりに栽培される作物）としての研究が進んでいる。畑にすき込むことで、殺菌成分イソチアシアネートの効果でセンチュウとネコブが減った事例が報告されている。

さまざまな利用法

土壌をきれいにする以外にも、緑肥利用にはさまざまな工夫がみられる。たとえば、うね間にムギをまいてマルチ利用する例。生きた植物をマルチするリビングマルチには、抑草と排水性向上の効果があり、うね間の土が踏みつけられてかたくなりすぎるのを防ぐ。ビニールを使わないので廃棄物が減り、環境にやさしいマルチだともいえる。

花が咲く緑肥は、景観美化の観点からも需要がある。菜の花、レンゲなどはイネ刈りが終わった秋の田んぼにまき、春に花を楽しめる。この風景はかつての日本の田園地帯では当たり前の風景であった。美しい景観には、土をよくしたいという農家の願いが込められていたのだ。

緑肥のさまざまな効果

センチュウ対抗作物の効果

作物名		商品名	センチュウ抑制								
			ネコブセンチュウ				ネグサレセンチュウ			ナミイシュク	ダイズシスト
			キタ	サツマイモ	アレナリア	ジャワ	キタ	ミナミ	クルミ		
マメ科	クロタラリア	ネマコロリ(雪)	○	◎				○			
		ネマキング(雪)	◎	◎	◎	◎	○	◎	◎	◎	◎
		ネマクリーン(カ)	◎	◎	◎	◎		◎	○	◎	
		クロタラリア(カ)		◎			○				
	クリムソンクローバ	くれない(雪)									◎
	エビスグサ	エビスグサ(カ)					◎			◎	
イネ科	エンバク野生種	ヘイオーツ(雪)	○				◎	○			
	ギニアグラス	ソイルクリーン(雪)	◎	◎		◎	○	○			
	ソルガム	つちたろう(雪)	○	◎							
	スーダングラス	ねまへらそう(雪)	○				○				
キク科	マリーゴールド*	アフリカントール		○			◎	◎	◎	×	

＊複数のメーカーが販売している
◎：センチュウ抑制効果が高い　○：ある程度抑制効果がある　×：増殖傾向あり　空欄：不明
(雪)：雪印種苗、(カ)：カネコ種苗

（資料：「月刊 現代農業」2009年10月号、農文協）

さまざまな緑肥作物

▲春、菜の花やレンゲが咲き乱れる様子は、昔ながらの田園の情景をつくりだす

◀ヘアリーベッチ

エンバク▶

手づくり「モミがら堆肥」のすすめ

モミがらとは

稲作の副産物であるモミがらには、さまざまな利用法がある。モミがらは、玄米を覆うかたい殻。種子を守っているだけあって、作物の生長に必要な物質が含まれており、田畑を改良する性質もある。稲作をしていれば必ず出るものなので、活用しない手はない。

モミがらは、C／N比（96頁）が75前後と高く、作物の生育に欠かせないケイ素分が20％も含まれている。病害虫への抵抗性向上や光合成の増進などの効果が期待できる。しかも、ケイ素は植物に過剰害をもたらさない元素なので、環境保全型農業技術として注目されている。

畑のマルチやイネの育苗にも利用

手軽にモミがらを利用するなら、そのままマルチとして利用することもできる。春、作物を植えたうねの上に厚めにモミがらをまいておくと、風雨にさらされて腐熟する。それを晩秋にすき込めば、モミがら堆肥と同じような効果が得られる。さらにマルチにしている間は、抑草効果や、土の表面の適正温度の保持、保肥、保水などの効果も得られるのだ。

モミがらをくん炭にしたものは軽いので、イネの育苗の床土としても人気がある。苗運びの重労働が軽減するほか、保水力に優れ、イネの根張りもよくなる。灰にしたものも、ケイ酸供給源として利用価値が高い。

モミがら堆肥のつくり方

モミがらは、そのままではかたく、水をはじく性質があるので、堆肥として発酵・分解させるためには工夫が必要。水分が少ないので、生ゴミや家畜糞尿、おからなどの水分量が多くてC／N比が低いものの調整材として使うとよい。土壌中での分解に時間がかかるからこそ、土壌のすき間を多くし、砂地でも粘土質の土でもふかふかにすることができる。

ひとくちにモミがら堆肥といっても材料や、その割合、つくり方などはさまざまだ。モミがらと合わせるものは、家畜糞尿や米ヌカ、生ゴミなど。発酵が促進するものを投入すればいいので、手に入りやすいもので工夫するとよい。

行政でも、モミがらの潜在能力に着目した例がある。千葉県の睦沢町と一宮町が共同で運営する「かずさ有機センター」では、牛の糞尿にモミがらを合わせたリサイクル有機肥料「もみがら物語」を生産している。この肥料は大規模農家だけでなく、家庭菜園を楽しむ人たちにも人気を得ている。

家畜糞尿もモミがらも、もとは処理に困り、捨てていたもの。やっかいものを工夫して上手に使いこなす試みは、今後ますます重要になっていくだろう。

広がるモミがら堆肥づくり

モミがらと家畜の糞を混ぜ合わせてつくる。写真は鶏糞と混ぜているところ。モミがらの量は糞の湿り具合によって変える

完成したモミがらと鶏糞の堆肥。左はちょっと乾きぎみ。右はちょうどよい水分含量のもの

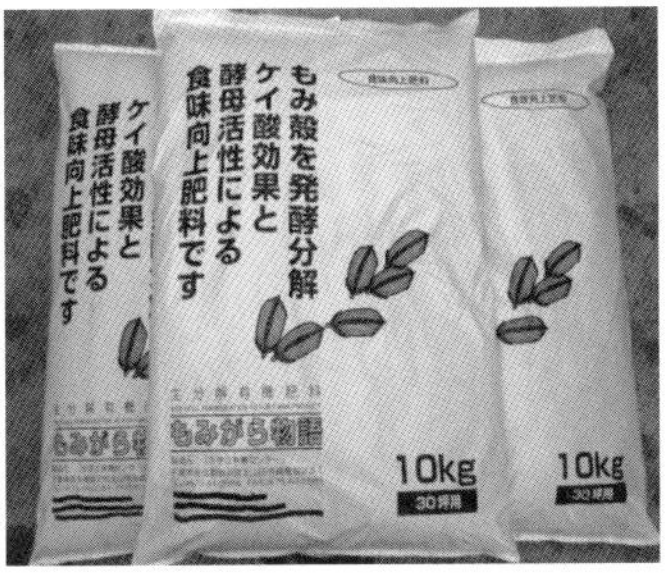

かずさ有機センターが販売している、モミがらと牛糞の有機肥料「もみがら物語」

（写真：睦沢町）

養分過剰時代の施肥改善

高度化成で崩れる要素バランス

モミがら堆肥など繊維質の多い堆肥をしっかり入れて土壌の胃袋を大きくし、畑にたっぷり残っている肥料の濃度を薄めることが、土づくりの第一歩。

では、施す肥料のほうはどうするか。野菜産地では、毎年窒素・リン酸・カリウムを高濃度に含む高度化成を使い続けてきて、土壌のバランスが崩れてきている。６つの必須要素（60頁）は、作物に陰イオンと陽イオンの形でバランスよく吸われることが、健全生育の基本となるのだが、次頁の図のように、それぞれのバランスが崩れている。

【崩れその①】陰イオンの窒素の過剰施用とイオウ分の不足。イオウはイオン割合からみるとリン酸と同程度必要なのだが、イオウ分の少ない高度化成を連用しているためイオウ不足が全国の土壌に潜行している。

【崩れその②】陽イオンのカリウムの過剰施用と石灰や苦土の肥効悪化。石灰や苦土も多く施されているが、カリウムとのバランスが悪いために吸収されにくい。

高度化成では施肥量を減らせない

高度化成は、副成分としての石灰、硫酸（イオウ）の含有量が少ないので、連用するとこれらの成分が不足する危険性があると、以前から指摘されている。いまの高度化成（窒素・リン酸・カリウムの3要素の合計が30％を超える）は、成分量を高くするために、リン酸と窒素の原料としてリン安をおもに使っている。このリン安は、過石にある石膏（イオウを含む硫酸カルシウム）を含まない。窒素の不足分を尿素や硝安でおぎない、カリ分として塩加カリや硝酸カリを使えば、無硫酸根（イオウなし）の肥料になる。

つまり、いまの高度化成は、その施用量を減らしても増やしても、養分のバランスをよくすることができない。高度化成を使うかぎりは、むだの多いアンバランスな施肥を続けなくてはならないことになる。

どう改善していくか

①**高度化成はやめる**：高度化成を連用してカリウムがたっぷりたまっている畑、pHの上がっている畑は、高度化成をやめて硫安や過石などの単肥に切り替え、カリ肥料の施肥もやめてみると、品質・収量アップに効果が高い。

②**単肥が面倒なら「普通化成」に**：3要素の含有量が30％未満の普通化成は、原料に硫安や過石を使っているものが多い。低度化成を使うことで、施肥のバランスはよくなる。

必要なのは、バランスを考えて施肥量を減らすこと、保肥力の高い畑にするよう「土づくり」していくことである。

養分過剰時代のバランス改善

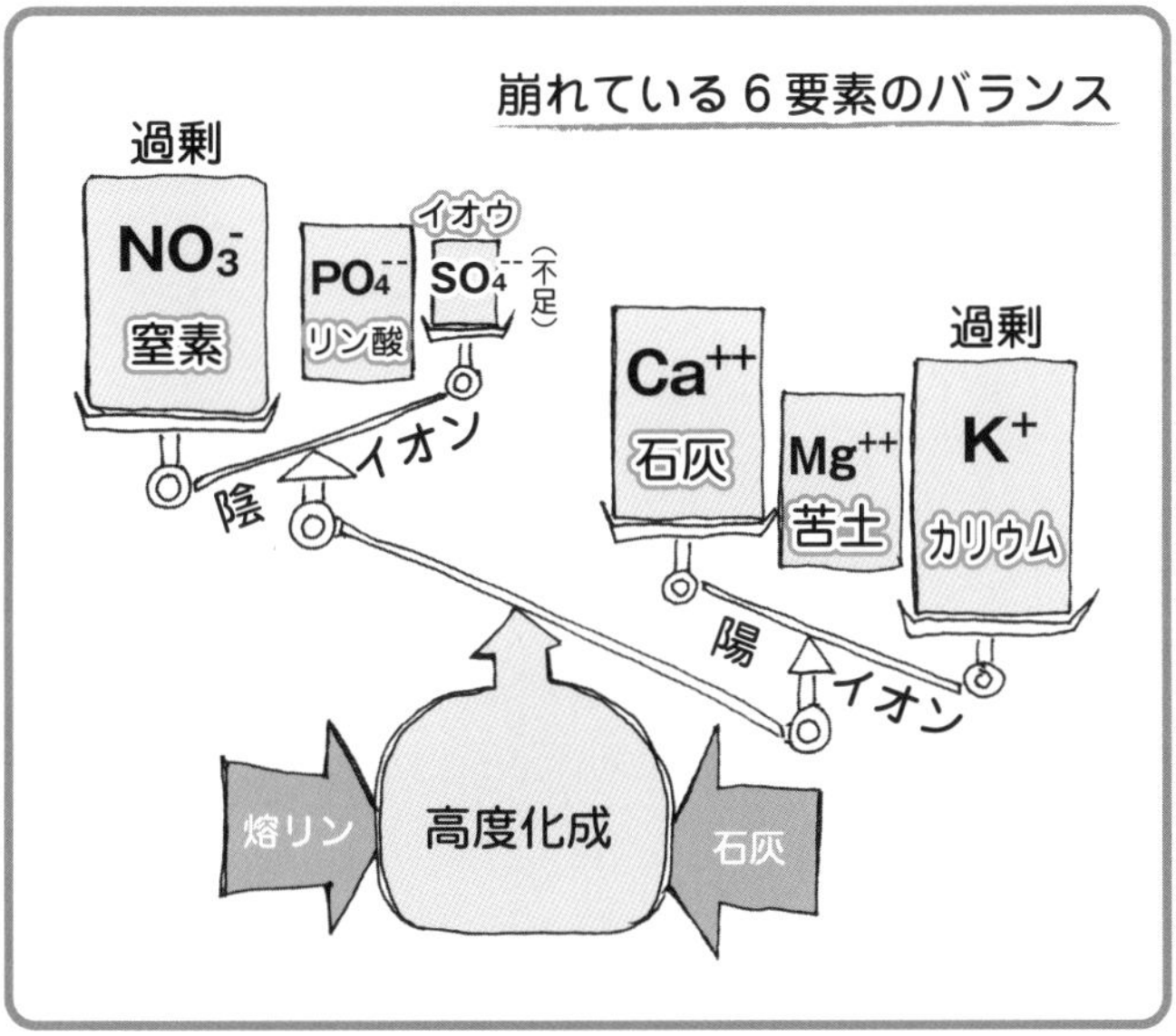

雑草をみて土の状態を知る

山野草と雑草の違い

人間の活動範囲内に、人の意図にかかわらずに自然に生えてくる植物が雑草である。人間にとって何らかの害を及ぼす草を指すことが多く、基本的に除去の対象となる。広義には草だけでなく、雑木、蘚苔類、藻類の一部も含まれる。雑草は、人間の管理下にある「作物」と、自然の環境に生育する「山野草」との中間に位置するものと考えられる。

雑草を活かす方法

雑草は、草刈りや除草剤で駆逐されるが、取り除くだけなく活用する動きもある。まずは、マルチとして利用する方法。ミカン産地では、ビニールシートの下に刈った雑草を大量に投入し、保水力を高める栽培が実践されている。堆肥をつくる際にも、生ゴミや米ヌカなどとともに有機物として活用できる。

さらに雑草は、土壌の状況を知るための、判断材料にもなる。土づくりの進み具合、土壌のpHや肥切れのタイミングなど、雑草から判断できることは意外と多い。昭和20年代までは、畑の脇にアジサイを1株植え、石灰の施肥量を決めていた。酸性が強い土壌だと青色が鮮やかに、アルカリ性に傾くとピンク色に変化する性質を利用していたのである。

土の状態を教える雑草

たとえば、土質の悪い場所を土壌改良していくと、次第に生える雑草が変化していくのがわかる。

ヒエ、スズメノテッポウ、セリなど田に生える雑草があれば、そこは湿地だとわかるので、モミがらを投入するなどして湿気をとる。

スギナが生える場合は、少し湿気があり、酸性の土壌であるため、アルカリ性の土壌改良資材が必要になる。酸性で乾燥しているところにはホコリノクサが生える。

エノコログサ（ネコジャラシ）が生えてくれば、畑になってきた証拠で、その後肥沃な圃場になると、オオバコやセイタカアワダチソウが生える。

湿潤なハウス内で、土中の空気の通りをみるには、コケの種類をみるとよい。空気の通りがよい土だとビロードゴケが生え、そうではない土だとゼニゴケが生える。

施肥のタイミングをはかるのに使える雑草もある。ホトケノザやハコベは、それまで効いていた肥料が切れかけると芽が小さくなるという。雑草の変化に気づいた時点で対策を立てることは、作物を上手に育てるうえで有効である。

さらに、耕盤の有無も雑草で知ることができる。エノコログサは地上の草丈が人間の胸ほどにもなるが、かたい耕盤があると15cmほどにしかならない。

雑草で土の診断

肥切れを教えてくれる雑草

▲ホトケノザ

▲ハコベ

ホトケノザもハコベも肥料の効果が切れると芽が小さくなる。ホトケノザは成長点近くの葉が急に小さくなり、ハコベは茎の赤みが濃くなる

土壌の状態を教えてくれる雑草

肥沃な土を好む草

アカザ

その他に、ハルタデ、スズナ、イヌビユなど

やせた土に生える草

メヒシバ

その他に、ヒメジョオン、アレチノギク、ノボロギクなど

耕盤の有無を知らせてくれる草

エノコログサ

土のやわらかい肥沃な土地では大きく育つが、耕盤があると15cm程度までしかのびない

野菜のタイプ別施肥法

野菜で変える肥料の効かせ方

野菜の種類によって、必要な肥料や施肥方法は異なる。育てる野菜の生育のしかたをよく理解し、その状態を観察しながら適切に施肥すれば、生長や収穫量に差が出てくる。

肥料に関する野菜のタイプを分類すると、①先行逃げ切り型、②コンスタント型、③尻上がり型に分けられる。

先行逃げ切り型は、生育期間が短く、茎葉を収穫するものと、はじめに茎葉が生長し、その後収穫部が肥大するものに分けられる。前者はホウレンソウ、シュンギクなど、後者はサツマイモやジャガイモが該当する。これらの野菜には、基肥主体で生育後半に窒素の肥効が出ないように施肥をする。

コンスタント型は、ナス、キュウリ、ピーマンなどが代表的である。これらの野菜は、茎葉を伸ばしながら少しずつ収穫するため生育期間が長い。このようなタイプは、基肥も追肥も多めに、かつこまめに施用する必要がある。

尻上がり型は、つるボケしやすいスイカ、メロンなどや、葉ボケしやすいゴボウやダイコンなどがあげられる。基肥を少なくし、追肥で尻上がりに施用する必要がある。

施肥の場所を考える

ダイコン、ニンジン、ゴボウなどの根菜類への施肥は、全層に薄くまくこと。一部の層に固めて施してしまうと、根が肥料に触れて痛み、又根になってしまう。ジャガイモは、種イモの真下にある肥料を吸収しない。肥料をジャガイモの間やうねの上に置いておくと根が伸びて、結果的に収穫量も増える。

ナスやキュウリは、長期間成り続けるが、根が浅く高い地温や乾燥に弱いので、株元に堆肥を多めに置いておきたい。

このように、野菜の種類によって、肥料の置き場所にもさまざまな工夫が考えられる。

追肥のタイミングを見定める

追肥のタイミングについては、作物別に見定めるべきポイントがある。たとえばトマトは、追肥が遅れても収穫できる一方、肥料の効きすぎが懸念される。そこで1回目の追肥は、第1花房が3～4個開花し、花が大きく色も濃くなってきたところで、うねの肩に施す。2回目は果実が1円玉大のとき、3回目は第2花房が着果したときと覚えておきたい。

追肥を見合わせたほうがよいときもある。たとえばトマトの先端の葉が巻くのは窒素過多のサインだ。キュウリについても、窒素過多になると、葉が丸みをおびて切れ目がなくなるので、追肥は少なめにするとよい。このようなサインと対策を作物別に理解し、追肥のめやすとしたい。

肥料を施す場所と量

野菜の生育と肥効のタイプ（イメージ）

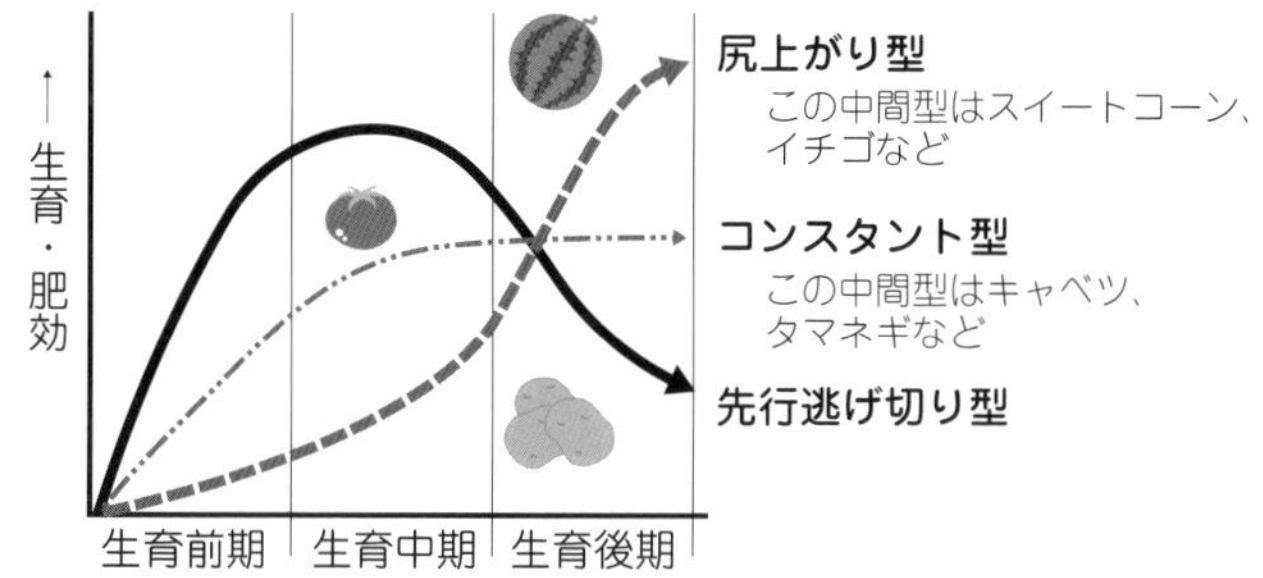

先行逃げ切り型		コカブ、ホウレンソウ、シュンギク、レタス、サツマイモ、ジャガイモ、サトイモ	基肥主体に、全層施肥。後半からは窒素をとくに効かせなくてよい
	中間	キャベツ、ハクサイ、カリフラワー、タマネギ、ナガイモ	基肥主体に、肥効の長もちする肥料を。生育中期までは肥料切れさせず、後半は控えめに
コンスタント型		キュウリ、トマト、ピーマン、ナス、ネギ、インゲン、エダマメ、ニンジン、セロリ	基肥は肥効の長もちする緩効性のものを。追肥は回数を多くし、後半肥料切れさせないように
尻上がり型	中間	アスパラガス、スイートコーン、エンドウ、イチゴ	基肥はやや控えめに。追肥は早めに
		カボチャ、トウガン、スイカ、メロン、シロウリ、ダイコン、ゴボウ	基肥は控えめに。生育中期から後半にかけて追肥で生育を調整

野菜によって異なる施肥の場所

ジャガイモはうねの上や種イモと種イモの間に施す

キュウリやナスは株元に多く施す

手づくり液肥のすすめ

手軽でよく効く液体肥料

液体肥料（液肥）は、水溶液になっている肥料で、液体のため成分を均一に施用できる。また、除草剤や殺虫剤などの農薬を混ぜて使うことも可能である。さらに、土壌に浸透しやすく肥効が現れやすい利点もある。利用効率は、固体肥料が約60％なのに対して、液肥は約90％を誇る。スプリンクラーや灌水チューブなど、既存の装置を用いて施肥できる手軽さもあり、アメリカでは固体肥料の生産量を上回るほどである。

日本では、江戸時代から手づくりの液肥が利用されてきた。人糞尿を水と混ぜるか発酵させた液体、魚の煮汁、獣の肉を発酵させた液などは、極上の肥料であった。

液肥は高級肥料

いま、再び液肥が注目されているのは、その効果がより明らかになったことはもちろん、市販の液肥が多様化したこと、手づくり液肥の効果にも目が行くようになったこともあるだろう。近年の化成肥料の値上がりに伴い、自家製肥料の需要は増加している。

市販の有機液肥の代表的なものをみてみよう。砂糖をつくる際に出る糖蜜や、糖蜜から工業用アルコールなどを製造した際に出る廃棄液を液肥として利用した製品がある。ほかには、魚の缶詰をつくる際に出る煮汁をさらに煮詰めたものもよく使われる。これは、もともと窒素分が多いものを、さらに煮詰めて腐らないようにして製品化したもの。トウモロコシからコーンスターチを製造した残りも、液肥の原料となる。ただしこのような有機液肥は、効果が高い分値段も高い。

広がりを見せる手づくり液肥

化学肥料、有機肥料に一手間加えて液肥にすることから手づくり液肥は広がった。キク栽培に使われているのは、過リン酸石灰を水で溶いた過石水。安価につくれ、リン酸がよく効く。盆栽愛好家は以前から、油かすの腐汁をよく使う。栄養はあるがそのまま投入するとガス害などが出やすい油かすを、発酵させて肥料として使う。

竹酢に有機物を漬け込んだもの、乳酸菌や光合成細菌などの菌液の液肥利用も一般的になった。微生物が繁殖した液肥は、液肥の機能プラスアルファの効果を得られる利点がある。

手づくりの液肥の困ったところはそのにおいだが、乳酸菌、光合成細菌または二価鉄などを加えると軽減できる。また、施肥に使うチューブの目詰まりが問題となるが、重ねたストッキングのように、目の細かいもので漉すとよい。液肥は、つくり方、使い方ともに、工夫次第でまだまだ広がりをみせる肥料である。

さまざまな手づくり液肥

過石水のつくり方

① 容器に水 10L と過リン酸石灰 100g を入れ、10 分ぐらいよくかき混ぜる。

② 一晩置いておくと、上澄み液と沈殿物に分かれるので、上澄み液を取り出す。

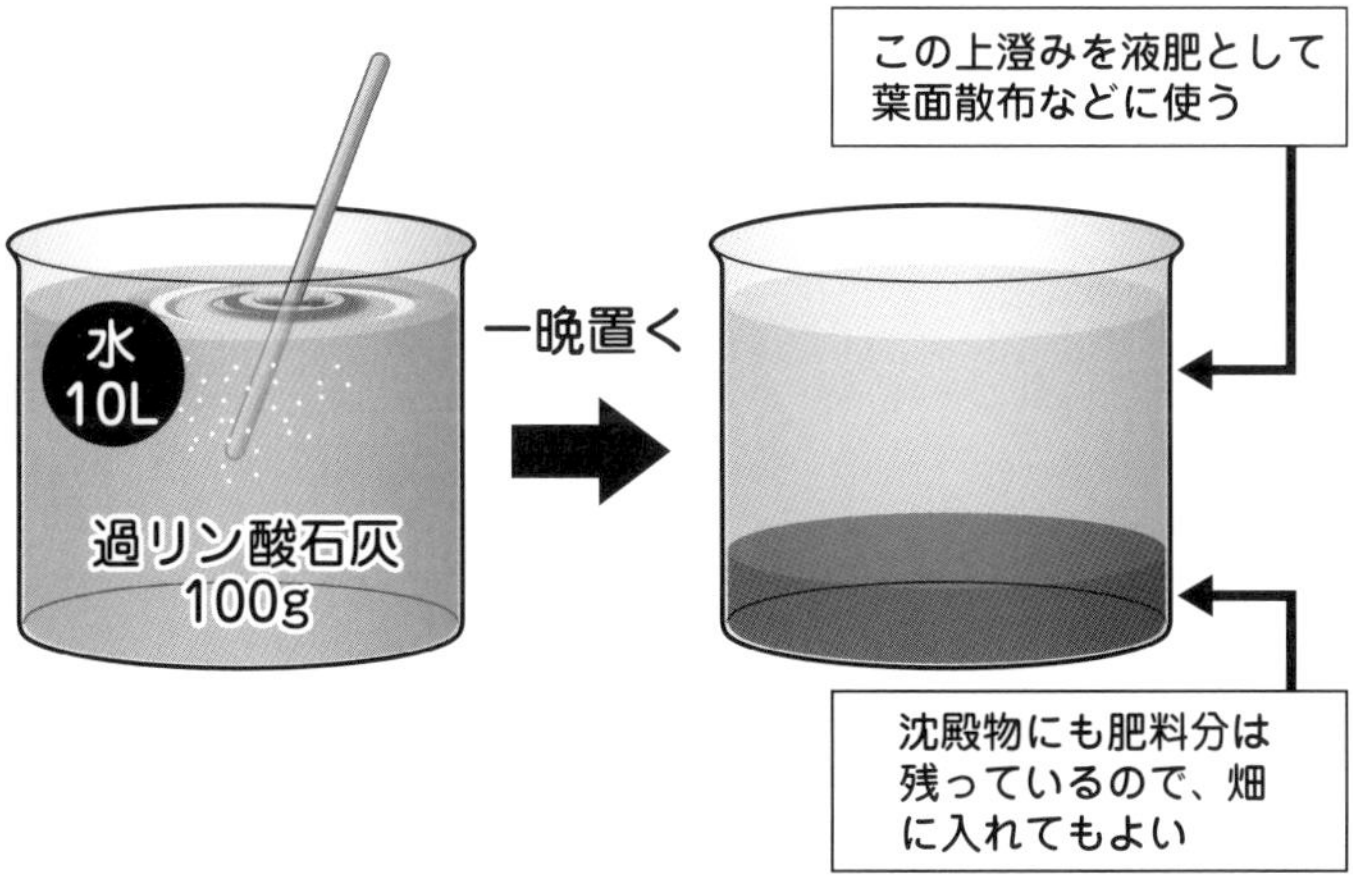
この上澄みを液肥として
葉面散布などに使う
水
10L
一晩置く
過リン酸石灰
100g
沈殿物にも肥料分は
残っているので、畑
に入れてもよい

そのほかの液肥

油かす有機液肥	つくり方	水 40L、油かす 700g、魚かす 500g と過リン酸石灰 400g を容器に入れて、ときどきかき混ぜながら、3 ～ 5 週間腐熟させる。
	使い方	4 ～ 5 倍に薄めて使用する。メロンやスイカの追肥に効果的。
雑草液肥	つくり方	4 ～ 5 月に採れた若草を、水につけて 1 ～ 2 カ月発酵させる。草木灰を少し入れると発酵が早い。
	使い方	2 ～ 3 倍に薄めて追肥に使う。根の弱いものには 10 倍に薄めること。

（参考：水口文夫『家庭菜園コツのコツ』農文協、農文協「月刊 現代農業」1988 年 6 月号）

化学肥料もボカシ肥料に

ボカシ肥料とは

一般的なボカシ肥料の原料は油かす、小魚や魚かす、米ヌカ、鶏糞などの有機物で、微生物が有機物を分解する性質を利用してつくる。

有機質肥料の養分は豊富だが、そのまま土壌に施して作物を栽培すると、ガスが発生するなどして生育障害を起こすことがある。また、ハエや野ネズミのエサとなってしまう弊害もある。

そこで肥料や堆肥などを混ぜて、有用菌が死滅しないように45～60℃に保って切り返して充分に発酵させる「ボカシ」という作業を行う。有機質肥料が急激に分解・吸収されてしまうのをぼかす（ゆっくり効かせる）のでこの名がついた。

適温で発酵が進んだボカシは、施用後も微生物によって徐々に分解され、肥効（肥料の効果）が持続する利点がある。微生物によって土壌環境も改善するので、環境に負荷をかけない持続可能な農業や、土づくりの観点から、ボカシを使う農家が増えている。

少量でも効く化学肥料ボカシ

化学肥料を投入してつくる化学肥料ボカシは、有機物だけでつくるボカシ肥料よりは安価で、少量でもよく効くものがつくれる。ただしその際には、化学肥料が使われている分、ボカシ肥料といえども肥効が急激に出ないように注意する必要がある。

材料の有機質として一般的なのは、先にあげた米ヌカや魚かす、油かすなどだが、一般家庭の生ゴミなども利用できる。発酵の元となる微生物は、ＥＭ菌、放線菌、乳酸菌などで、購入したり、身の回りにある土着菌を使ったりして、ボカシ肥料づくりができる。

土着菌を活かしたボカシ肥料づくり

菌を購入しなくても、土壌にもともといる土着菌を使って、ボカシ肥料をつくることもできる。

たとえば、米ヌカ、湿り気のあるおから（水分調節のため）、落ち葉、モミがらなどをよく混ぜて山積みする。その上にムシロなどをかけて、２日間くらい放置する。すると、その間に空気中の納豆菌やこうじ菌を取り込み、発酵する。発酵熱が出たところで化学肥料を加えて混ぜ、さらに発熱したら化学肥料を追加して混ぜ、というように徐々に量を増やしていく。

材料や配合はさまざまに工夫できるので、身近なものを使って組み合わせの妙を試すことができるのが、ボカシ肥料のよさといえる。

ボカシ肥料のつくり方と使い分け

おすすめボカシ肥料のつくり方

つくり方

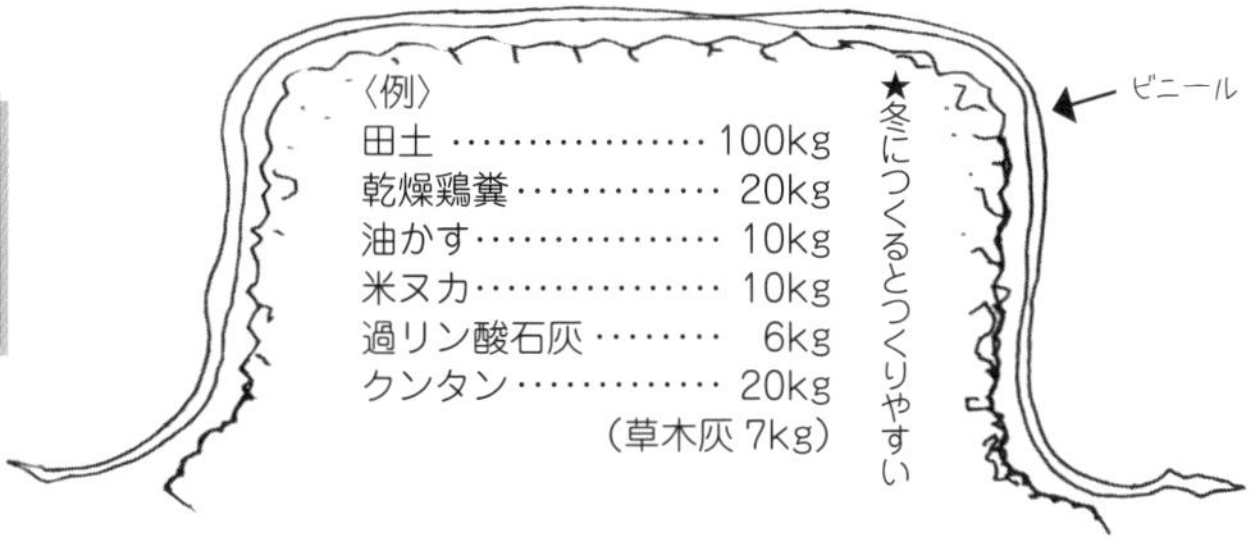

①材料に水を加えて混ぜ、適当なしめりを与えて積み、ビニールで覆う。（水をやりすぎると腐敗する）
②手を入れて熱く感じるようになったら（7 ～ 10 日後）、2 ～ 3 回切り返す。
③熱が出なくなれば完成（2 ～ 4 カ月後）。

保存方法

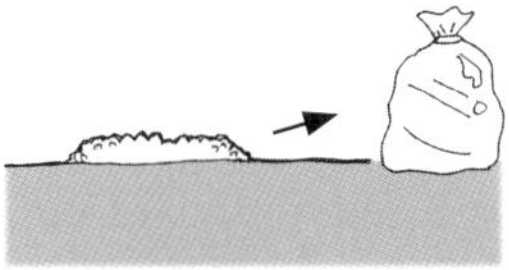

薄く広げて陰干しにする。乾燥したら、肥料袋に入れて保存する。

使い方

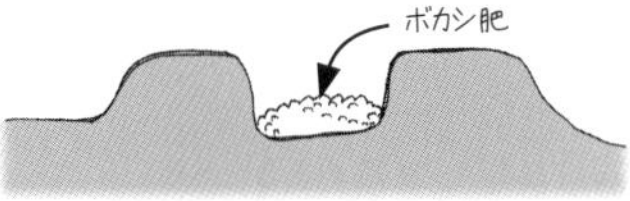

定植の数日前に植え穴を掘り、底に 1 ～ 2 握り施すと肥やけせずによい根が出る。

（資料：水口文夫『家庭菜園コツのコツ』農文協）

組み合わせで効果が変わる

米ヌカに **油かす** ＝米ヌカのリン酸分がよく効くようになる。
油かすに **草木灰** ＝油かすの窒素分がよく効くようになる。
過リン酸石灰に **ボカシ肥料** ＝リン酸分がよく効き、むだがなくなる。
ボカシ肥料に **土** を多めに＝土が肥料分を保持し、流亡を防ぎ、悪臭もなくなる。

肥料で病害を抑えこむ

病気にかかりにくい体づくり

「作物が丈夫に育っていれば、病気への耐性もできるはず」。人の体と同じで、免疫力がしっかり働く健康体であれば、風邪などの病気にかかりにくく、薬を飲まずに健康に過ごすこともできる。このような考え方に則った防除方法が近年、注目されている。

　これまで土壌改良材や肥料として使われてきた資材の利用の幅を広げた防除法である。以下、その例をいくつかみていこう。

病原菌を寄せつけない！「石灰防除」

　肥料を防除に利用する代表例に、石灰がある。石灰肥料のそもそもの働きは、植物に石灰質を供給し、土壌の酸性を中和して窒素、リン酸などの養分を吸収しやすくすること。消石灰や苦土石灰、過リン酸石灰、貝類の殻を砕いた有機石灰など、それぞれのpHや特性に合った使い方が工夫されている。

　この石灰を作物に与えると、作物内のペクチン酸が結びついて作物体の細胞壁が丈夫になる。すると、低温や乾燥に強くなり、病原菌が侵入しにくくなる効果があるとされている。これまでに、うどんこ病、灰色かび病、根こぶ病、青枯病、いもち病や軟腐病といった病気への効果が報告されている。

　使用法も実に簡単。そのまま粉を手で振ったり、水に溶かしてかけたりして使えばよい。値段は種類によるが、20kgで800円からと安価。ホームセンターなどでも手軽に購入できる。

　このように安価で使いやすいことも手伝って、当初は民間農法的だった石灰での防除は、いまでは農業の指導機関でも取り入れられるほど市民権を得はじめている。

亜リン酸、亜鉛、ケイ素などで病気を防ぐ

　亜リン酸は、生育促進や糖度増進の効果が認められ、肥料として登録されている。これが、疫病やピシウム菌による根腐れ病に効果を発揮する。あくまでも予防的な使い方ではあるが市販の亜リン酸肥料を希釈し、養液栽培の培養液に添加する。

　それ以外にも、べと病、疫病、白さび病など、さまざまな病気への効果が実験により明らかになっている。ただし、比較的高価な資材であること、過剰に与えると生育障害を起こすことから、使用基準を守った使い方が大切である。

　ほかにも、光合性能の促進効果があるケイ素が、イチゴやキュウリのうどんこ病、イネのいもち病を防ぐことも知られている。今後、さまざまな資材を使って新しい防除法体系が確立されていくことが期待される。

肥料で病気をやっつける

石灰の使い方と効果

①病害抵抗性が高まる
②葉面や地表面の pH 上昇で静菌作用
③細胞壁が強化される

上から粉や水溶液で散布
株元や土の表面にまく
安い消石灰などでよい

石灰は、土壌の pH 矯正のためによく使われるが、写真のように葉面散布したり、株元や土の表面にまいたりすることで、病害虫に強い作物を育てることができる

コーヒーかすは捨てないで

おすすめの「緩効性肥料」に

コーヒーを入れたあとに出る残さ、コーヒーかすは、ほぼ99%が有機物で、その多くが木炭と同じ炭素成分であり、窒素2%、リン酸0.2%、カリウム0.3%程度を含んだ弱酸性の緩効性肥料。

缶コーヒーの製造工場から大量に出るコーヒーかすは「特殊肥料」として販売され、乳牛などの牛舎の敷料にも使われて、悪臭の吸着剤としても利用が広がっている。

家庭から出るコーヒーかすも、生ゴミとして捨てるのはもったいない。ぜひ肥料として再利用したい。いちばん無難なやり方は、庭にあるユズやブルーベリーなどの果樹の周りに、出たかすを土に混ぜず、表面に少しずつまいてやること。鉢植えの観葉植物や草花にも、土の表面に追肥してやる。ゆっくり効いて、元気に育つ。

このコーヒーかすを堆肥にしている人もいる。底に穴のあいた大きめの植木鉢に、発酵の種として三温糖の砂糖水も混ぜた腐葉土を少し入れ、かすが出るたびに混ぜてこの鉢に貯めておく。鉢の上まで貯まり菌糸が回って白っぽく発酵が進むまで待てば、土に混ぜても安心。

消臭・芳香・忌避剤にも

コーヒーかすの粒子は、炭のような多孔質の形態をしており、優れた消臭剤にもなる。湿ったままでお皿に広げ、電子レンジでチンすると、電子レンジの嫌なにおいがとれる。湿ったまま灰皿の底に入れておけばタバコの吸殻の火も消せて、においも消してくれる。

しっかり乾かしたものは、ティーバックの小袋に入れて冷蔵庫・下駄箱・犬のトイレなどの消臭に。野良猫が家のまわりをうろつくときは、コーヒーかすを置いておくと効果テキメンとか。

コーヒーかすは、身近な「有機資源」

第9章

家庭菜園の土と肥料

家庭菜園や市民農園でも、プランターでの栽培でも、土づくりの重要性はプロの農家とかわらない。
小規模菜園では狭いスペースで多品目を育てるための、プランター栽培では、限られた用土で、健全に育てるための工夫が必要だ。
作物を育てる楽しみを広げるために、施肥の仕方や用土の工夫を学んでいこう。

こんなところに気をつけよう〔小規模菜園〕

自分で育てる楽しみ

おいしい野菜を自分で育てて食べたい。子供や孫に自分が育てた野菜を食べさせたい。無農薬栽培に挑戦してみたい。その動機はさまざまだが、農地を持たなくても、気軽に野菜づくりを楽しむ人が増えている。

ただし、家の庭や貸し農園でできる範囲の、いわゆる小規模菜園は、大規模につくる場合とは違う楽しさがある反面、課題も出てくる。

作付け計画を忘れずに

小規模菜園にありがちな失敗は、1種類の野菜だけをたくさん育ててしまったり、季節によって畑が空く時期がでてしまったりと、むだが多いこと。ナスを何本も植えて、食べきれなくなってしまった。いつまでも春夏野菜を片づけなかったために秋冬野菜の種まき適期を逃し、春まで畑をあけてしまった。こうした失敗は、多くの人が経験することだ。場当たり的に播種、植え付けをするのではなく、シーズンがはじまる春先に、1年の計画を見通すことが必要である。

菜園マップとカレンダーを手元に置き、実際に年間の作付け計画を立ててから栽培をはじめることが望ましい。同時に、作付けごとの施肥や土づくりについても考えておこう。

前作がわからない市民農園

市民農園、貸し農園は、近年、需要が増している。そこで栽培をはじめるにあたっての問題は、前作までの栽培履歴がわからない場合が多いこと。また、抽選で畑の場所が決まったり、区画が1年ごとに変わったりすると、土の状態が一定しない畑で育てることになる。

市民農園では、土づくりを最初からする必要がない代わりに、畑の土の状態を見極めた対策が必要になる。とくに窒素過多の畑で育てたことで、ツルボケ、葉ボケした作物がよくみられる。

簡単に土の状態を判断するには、畑に生える雑草の様子を観察すること。生える雑草の種類によって、pHや土壌中に肥料がどの程度残っているかなどを推測することができる（110頁）。

しかし雑草による土の状態の診断は、手軽にできる一方、大まかな状態しか把握できない。できれば土壌診断を行い、土の状態を数値で知ることで、施肥などの有効な指針にすることができる。野菜づくりに不慣れな人ほど、診断結果を基に作付け計画を立てたり農作業を行ったりして、失敗を避けたい。最低限、土壌のpHとECを調べればよいので、土を採取し、その場で計測することができる簡易な市販のキットを使うのがおすすめだ（41、43頁）。

家庭菜園・市民農園の土づくり

少量多品目を目指す家庭菜園、市民農園だからこそ、土の状態を知ることが大事

1 年間の作付け計画の例

播種時期や栽培の時期を考慮して、畑にむだがないように計画を立てることが大事

メタボ野菜をつくらないダイエット施肥〔小規模菜園〕

メタボ野菜を防ぐには

過剰な肥料分をとり込んでしまった「メタボ野菜」。家庭菜園では、野菜がメタボ状態になりやすい。これは、肥料をやりすぎた、養分過多の畑が多いからだ。窒素分を吸収しすぎると、茎や葉ばかりが大きくなり、病気や害虫にもねらわれやすくなる。また、連作障害も起こりやすい。

メタボ野菜にしないためには、肥料をやりすぎないこと。そして堆肥など微生物が豊富な資材を入れて、土を豊かにすることだ。

ダイエット施肥で野菜を元気に

施肥で心がける必要があるのは、「ダイエット施肥」である。家庭菜園用の市販肥料は便利に配合されたものが多く、実に魅力的。園芸店では、どうしてもいろいろな肥料に目移りしてしまい、買いすぎてしまう。

思い切って、肥料は少量の化成肥料と手づくりの有機肥料だけにするという手もある。購入する化成肥料は、手に入りやすいオール８（窒素、リン酸、カリの成分量がすべて８％の肥料）にすると汎用性がある。基肥を有機肥料のボカシにしてじわじわと長く効かせ、追肥として即効性のある化成肥料を施肥する。

野菜を育てるのに必要な窒素肥料の量は、１年間で１㎡当たり約３００〜４００g程度である。たとえば15㎡の畑ならば、オール８を７kgも用意すれば、１年分を充分に賄うことができる。

たりない養分を与えるより、土壌にたまった過剰な養分を取り除くほうが大変だ。野菜の生育をみながら少しずつ追肥をしたほうが失敗は少ない。

植え付け場所を工夫する

多品目の野菜を育てるとき、追肥について迷うことも多い。野菜のタイプごとに生育のしかたや肥効は異なるが、素人はタイプの違いを考えずに一律に追肥してしまいがちである（タイプ別施肥については、１１２頁）。なるべく、タイプごとにまとまるように配置すれば、同じタイミングで追肥をすることができる。

たとえば、コンスタントタイプのナス、インゲンなどは近くのうねに植える。また、先行逃げ切りタイプの野菜を、コンスタントタイプの野菜の後作にすれば、前作の残肥を活かすことができ、基肥も必要ない。

肥料の種類や追肥のやり方、作物の配置などを工夫することで、むだな肥料をため込まない、生命力ある野菜づくりを目指そう。

脱・メタボ野菜のために

メタボ状態の野菜のサイン

たとえば、窒素が過剰だと…

- トマトでは茎葉ばかりが大きくなり、花が落ちてしまう「樹ボケ」に
- メロンやスイカはツルばかり伸びて、果実がならない「ツルボケ」に
- ハクサイは葉に黒い点々が出る「ごま症」に
- タマネギのべと病やダイコンの軟腐病が増加

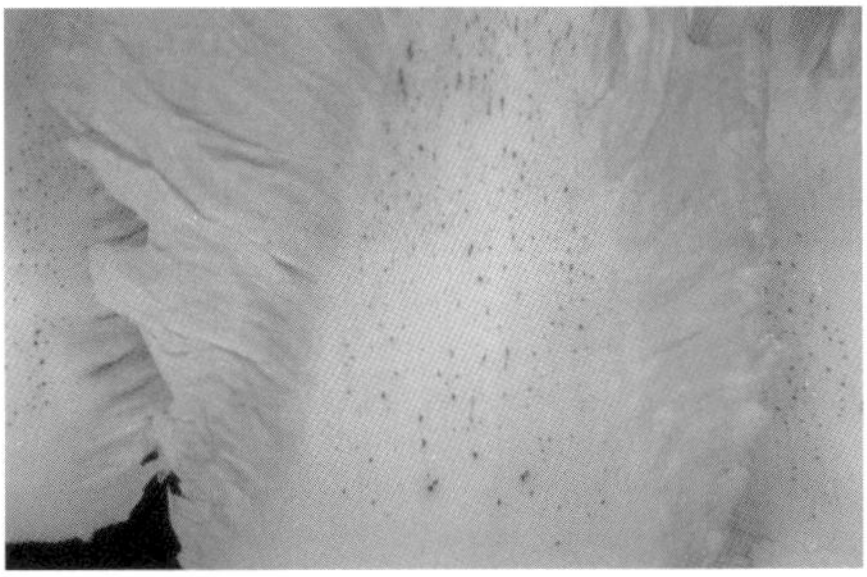

▲ハクサイのごま症

▲タマネギのべと病

追肥はタイプ別に管理すればラク（作付け計画例）

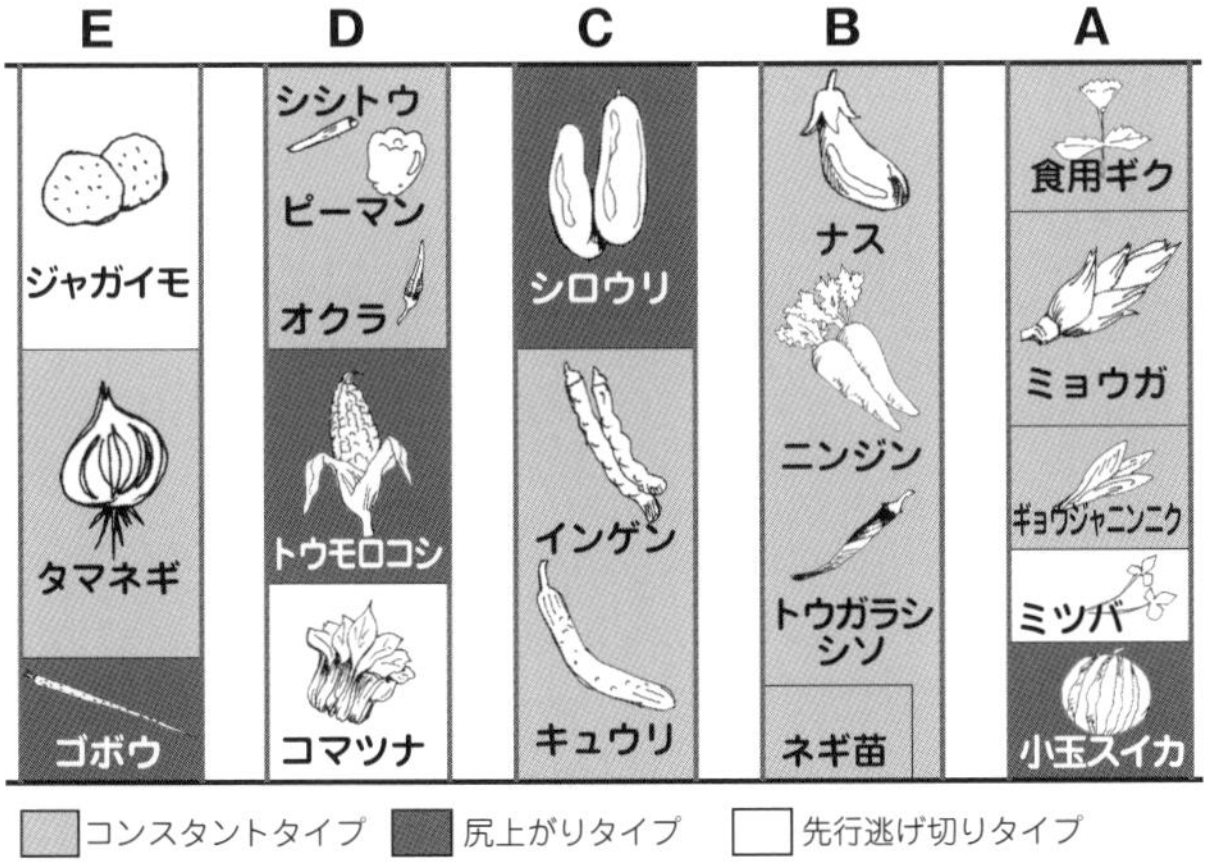

同じタイプの野菜をまとめて配置すれば、追肥は同じタイミングでできる。

手づくり落ち葉堆肥の工夫〔小規模菜園〕

落ち葉堆肥はいいことづくめ

堆肥を手づくりする場合、問題のひとつとなるのは、その置き場所だ。市民農園や家庭菜園では、場所が限られる。また、家畜堆肥などは材料の調達を考えると、むずかしい。これらの問題に対して、何といっても手軽な解決策は、落ち葉を使った堆肥づくりである。手近な素材でつくることができ、しかも土嚢袋を使用すれば、場所もとらない。あまり手間をかけずに、良質の堆肥をつくることができる。

落ち葉はタダで、都会でも集めやすいのが魅力だ。公園や街路樹の下などで、家庭菜園用には充分な量の落ち葉が集められる。落ち葉はゴミとして扱われることも多いので、堆肥用に集めれば掃除も兼ねて一石二鳥である。

土嚢袋や肥料袋を活用

落ち葉集めは、落ち葉に少し湿り気があるときにするのがおすすめだ。堆肥をつくるときには必ず水分が必要なので、少しでも水分を含んでいると加える水が少なくてすむ。土嚢袋や肥料袋に落ち葉をつめる際は、イチョウなどの針葉樹の葉や小枝が混ざらないようにしたい。これらは分解しにくいため、堆肥のできが悪くなってしまう。

堆肥は、落ち葉20Ｌに対して、畑の土１～２Ｌ、水４Ｌ、油かすと米ヌカそれぞれ１００ｇずつを混ぜるとつくりやすい。

土嚢袋に材料をサンドイッチ状にしっかり詰めて、上にビニールシートをかけて遮光しておくと、発酵熱で土嚢袋は温かくなってくる。１カ月後、別の袋に堆肥を移動させる（切り返し）。その後３週間ごとに同じ作業を繰り返すと、３カ月ほどで堆肥の分量は３分の２ほどになる。

うね間に入れて、発酵を進める

分量が３分の２ほどになっても、まだ完全に発酵しているわけではないが、限られたスペースにずっと置いておくわけにもいかない。そこで、春野菜のうね立て時に、うね間に入れる方法が便利である。植え付け計画どおりにうね立てしたあと、うね間を30～40㎝の深さに掘って堆肥を入れ、１週間後に野菜を植えはじめる。

秋野菜を定植するころにはだいぶ分解が進んでいるが、それでもうね間の堆肥を混ぜてしまうのは危険だ。耕すのは浅く、うねの上だけにして、うね間には米ヌカをふり、堆肥と混ぜておく。少しでも発酵を促すためだ。秋野菜の収穫が終わったときにはじめて、畑全体を耕し、堆肥を行き渡らせる。このころには、落ち葉はほとんどなくなり、代わりにふかふかな団粒構造の土ができている。

簡単、落ち葉堆肥づくり

落ち葉堆肥のつくり方

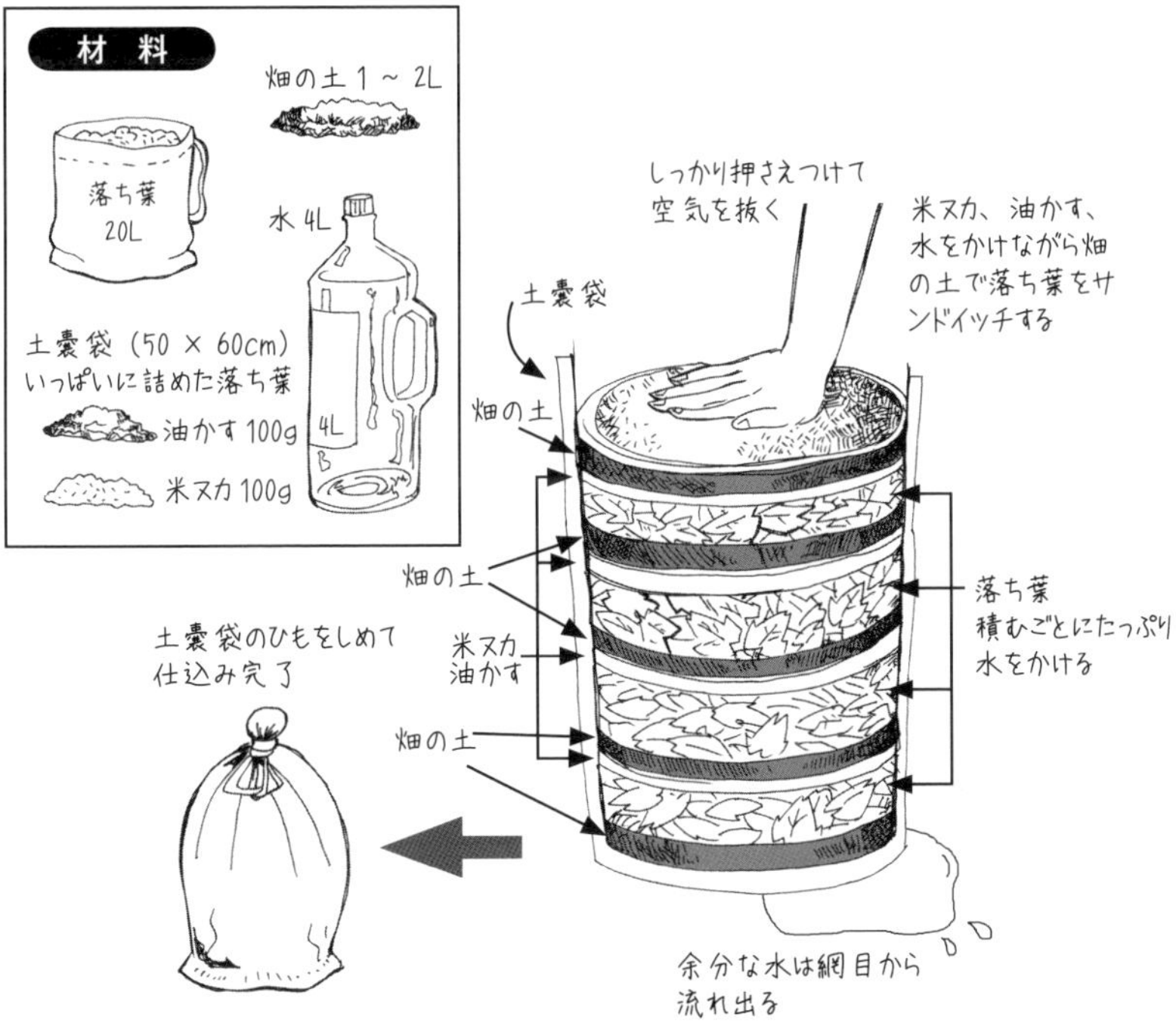

落ち葉堆肥のうね間施用

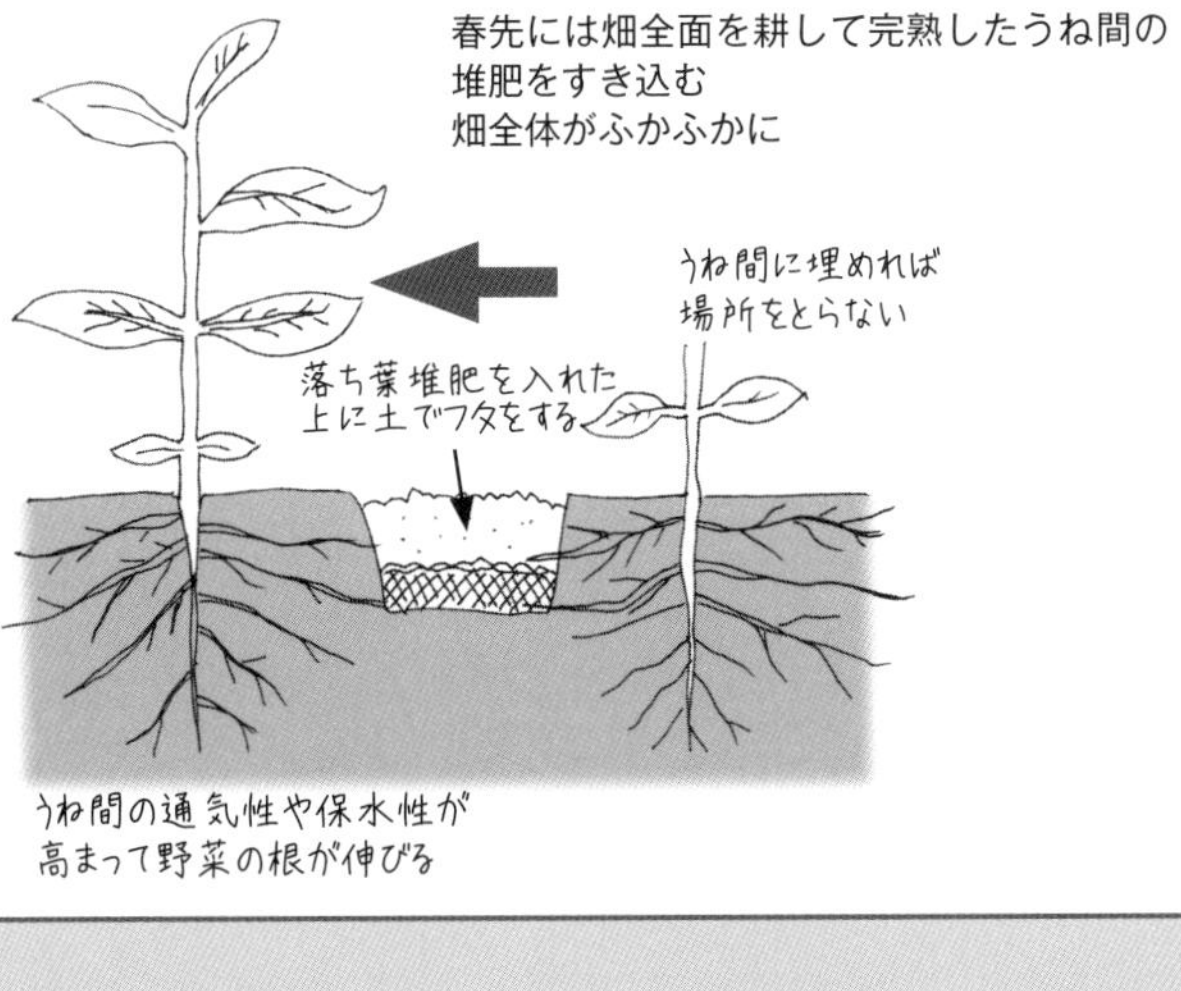

春先には畑全面を耕して完熟したうね間の
堆肥をすき込む

小さな畑をフル活用する〔小規模菜園〕

多品目野菜管理には地図が必要

多くの作物を育てながら健全な土を保つには、詳細に計画を立てることが不可欠だ。おすすめは菜園マップ。春夏作と秋冬作の2シーズンに分け、1枚ずつ記入する。

菜園マップに必要な要素は、うね、植える作物、株数や面積など。方位も書き込み、野菜の性質を考えながら記入を進めていく。肥料や水がどのくらい必要か、連作障害の心配はあるか、日陰、直射日光のどちらを好むかなど、作物ごとのさまざまな条件を考えあわせて作図する。

生育タイプ別のマッピングと管理方法

計画を立てる段階で、同時作・後作の組み合わせも考え、さらに生育タイプ別ゾーンを設定しておきたい。

性質の似ている野菜同士を近くに植えると管理がしやすい。グループ分けすると、次のようになる。

①半日陰でも育つ野菜の上に網棚を張り、そこにツル性の野菜を這わせるなど、上下で立体的に栽培できるもの。
②水と肥料を多く必要とし、背が高くて栽培期間も長いもの。
③背は高いが、栽培期間が短いもの。
④栽培期間は③と同じくらいだが、背が高くならないもの。
⑤根菜や葉もので、背が低いもの。
⑥畑の境界やうね間に植えるもの。

それぞれおもな作物は、①日陰に強いギョウジャニンニク、ミョウガ。ツル性の小玉スイカ、メロン、ニガウリ。②サトイモ、ナス、ショウガ。③トウモロコシ、トマト、キュウリ。④ピーマン、シシトウ、トウガラシ。⑤タマネギ、ジャガイモ、ゴボウ。⑥ニラ、ニンニクなど。

狭い場所でもむだにしない

作物の背の高さや栽培期間、野菜タイプ（１１２頁）で作物をみていくと、自ずと作付け場所は決まってくる。こうすれば、追肥と水やりの作業もラクになる。

春夏作には、比較的日陰に強かったり、背が高かったりするものを北側のうねに、栽培期間の短い作物を南側に植える。すると、秋冬野菜の苗を日陰にならずに育てられるのだ。多くの肥料と水を必要とするサトイモとナスを同じうねにすれば、管理が一緒にできることなども覚えておきたい。

菜園マップをつくることは、連作障害を防ぐためにも重要である。収穫時期を分散させ、作物をローテーションで栽培することで、土中の微生物のかたよりを解消できる。

また、障害を出さないためには、ダイエット施肥（１２４頁）や落ち葉堆肥による土づくり（１２６頁）を併用することが有効だ。

菜園マップを活用する

野菜の生育タイプ

春夏野菜		秋冬野菜	
上下で立体的に栽培できるタイプ 半日陰野菜とツル性野菜	ギョウジャニンニク、ミョウガ、アスパラガス、食用ギク、**小玉スイカ**、**メロン**、カボチャ、**ニガウリ**、ヤマノイモ、シュンギク、ミツバ、ラッキョウ	葉菜類とツル性野菜	ソラマメ、**エンドウ**、**ササゲ**、**エダマメ（晩生）**、**キャベツ**、ミズナ、チンゲンサイ、コマツナ、シュンギク、リーフレタスなど
背が高く、栽培期間の長いタイプ 収穫終了は10月末	**ナス、サトイモ、ショウガ**	播種・定植は10月下旬	**春キャベツ**、ブロッコリー、春ダイコン、ラディッシュ、コカブ、コマツナ、ミズナ、タカナ、カラシナ、コールラビ、チンゲンサイ、ホウレンソウ、シュンギク
背が高く、栽培期間の短いタイプ 収穫終了は10月初旬	**トマト（大玉、中玉、ミニ）**、キュウリ、**インゲン（ツル性、ツルなし）**、トウモロコシ、オクラ	播種・定植は9月から	ダイコン、**キャベツ**、レタス、**ハクサイ**、ブロッコリー、カリフラワー、チンゲンサイ、ミズナ、カラシナ、タカナ、コマツナ、ラディッシュ、コカブ、ホウレンソウ、シュンギク、リーフレタスなど
背の低いタイプ 収穫終了は10月初旬	**ピーマン、シシトウ、トウガラシ、エダマメ（早生・中生）、ラッカセイ**、トウモロコシ、オクラ、タマネギ	播種・定植は9月から	**ハクサイ**、タマネギ、**キャベツ**、ブロッコリー、カリフラワー、レタス、ダイコン、ミズナ、カラシナ、タカナ、チンゲンサイ、コマツナ、ラディッシュ、コカブ、ホウレンソウ、シュンギク、リーフレタスなど
根菜・葉ものタイプ	**ジャガイモ、ゴボウ**、サツマイモ、ネギ、タマネギ、**イチゴ**、コマツナ、**キャベツ**、チンゲンサイ、ホウレンソウ、シュンギク	播種・定植は7月から	ニンジン、ネギ、リーキ、タマネギ、ホウレンソウ、ミズナ、カラシナ、タカナ、チンゲンサイ、コマツナ、ラディッシュ、コカブ、シュンギク、リーフレタスなど
畑の境界・うね間で育てられるタイプ	シソ、ワケギ、ニラ、ニンニク、ラッキョウ、パセリ、アシタバ、食用ギク	植え付け・収穫は順次	ミツバ、**セロリ**、ワケギ、ラッキョウ、メキャベツ

注1. 複数のタイプに適するものはそれぞれに記した。
注2. 秋冬野菜は、植え付け時期と収穫時期を考慮して自分の畑に合わせるとよい。
注3. 太字は連作を避けたい野菜。

（資料：斎藤進『もっと上手に市民農園』農文協）

課題はどこに？〔プランター栽培〕

プランターと畑の違い

畑で育てるのとプランターで育てるのと、作物にとってはどんな違いがあるのか。それぞれの長所・短所を知って、野菜づくりを楽しみたい。屋上、ベランダ、軒先など、小さなスペースではじめられるプランター栽培は、予想以上に品質のいい野菜の収穫が可能だ。

プランター栽培のいちばんの利点は、病害虫が少なく、きめ細やかな管理ができること。自宅で栽培すれば、食べる直前に収穫することができ、新鮮で栄養価の高い野菜を食べられる。

プランター栽培の弱点は土中の環境で、これが畑との大きな違いになる。畑の作物の根は、酸素、水、肥料を求めて、四方八方、地中深くまで自由に根域を広げる。一方、プランター内では根域が限られるため、狭い空間のなか、満員電車のような状況で根を伸ばすしかない。

根の張る土壌空間が小さいので、土壌（培養土）が保持する空気、水、肥料の量は、畑とは大きな差がある。

プランター用土は水はけ・通気性が重要

プランターの培養土を選ぶときに重要なのは、①水はけ、通気性、②適度な保水力、保肥力、③有機質の量の3つ。①が最も大切で、水はけがいいと根腐れの心配をせず、たっぷり灌水できる。②については、プランターの土壌が乾燥しやすいことと、頻繁な水やりにより肥料がぬけやすいことによる。③は、通気性、保水性を保ち、土の微生物を増やし、土質を改善する有機質の効果に期待している。また、有機質に含まれる微生物は、根の栄養吸収を助ける。市販の培養土や採取した土を組み合わせて、この条件を整える。

プランターの土の温度は上昇しやすく、頻繁な灌水が必要になる。灌水には、水分補給のほかにも、肥料の吸収を助けたり、逆に有害物質や余分な肥料分を追い出す役割もある。

プランターの選び方

用土が少ないことがプランター栽培の弱点なのだから、プランターは大きければ大きいほどいい。しかし、大きくなれば移動が大変になる。土を入れた状態で、自分がもち運べるかどうかがひとつの基準になるだろう。はじめてプランターを用意するなら、作物の種類を選ばない、45L容量のプランターが使いやすい。

また、20～30L入りの肥料袋や土嚢袋、発泡スチロール箱などを再利用してプランター代わりにすることもできる。袋の場合は底の両端を切り、箱の場合は底面に穴を空けて使う。

プランター栽培に必要なもの

用土には水はけがよいものを

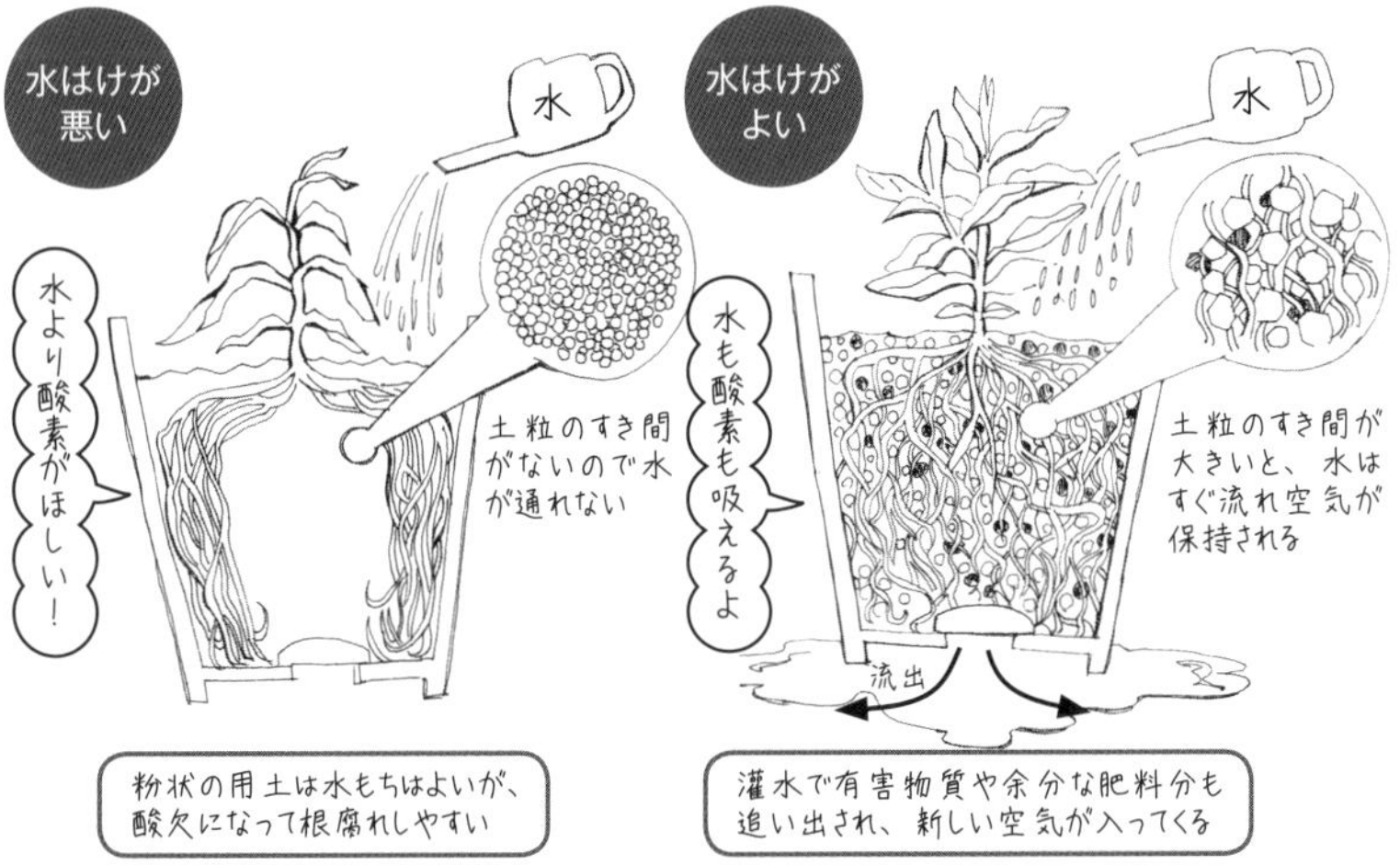
水はけが悪い
水
水より酸素がほしい！
土粒のすき間がないので水が通れない
粉状の用土は水もちはよいが、酸欠になって根腐れしやすい
水はけがよい
水
水も酸素も吸えるよ
土粒のすき間が大きいと、水はすぐ流れ空気が保持される
流出
灌水で有害物質や余分な肥料分も追い出され、新しい空気が入ってくる

根域が狭いプランターのなかでは、根が水・肥料・酸素を求めてプランターの壁側にせめぎあって伸びる。水はけがいい土では水も酸素も吸いやすく、根が分散する

廃材をプランターがわりに

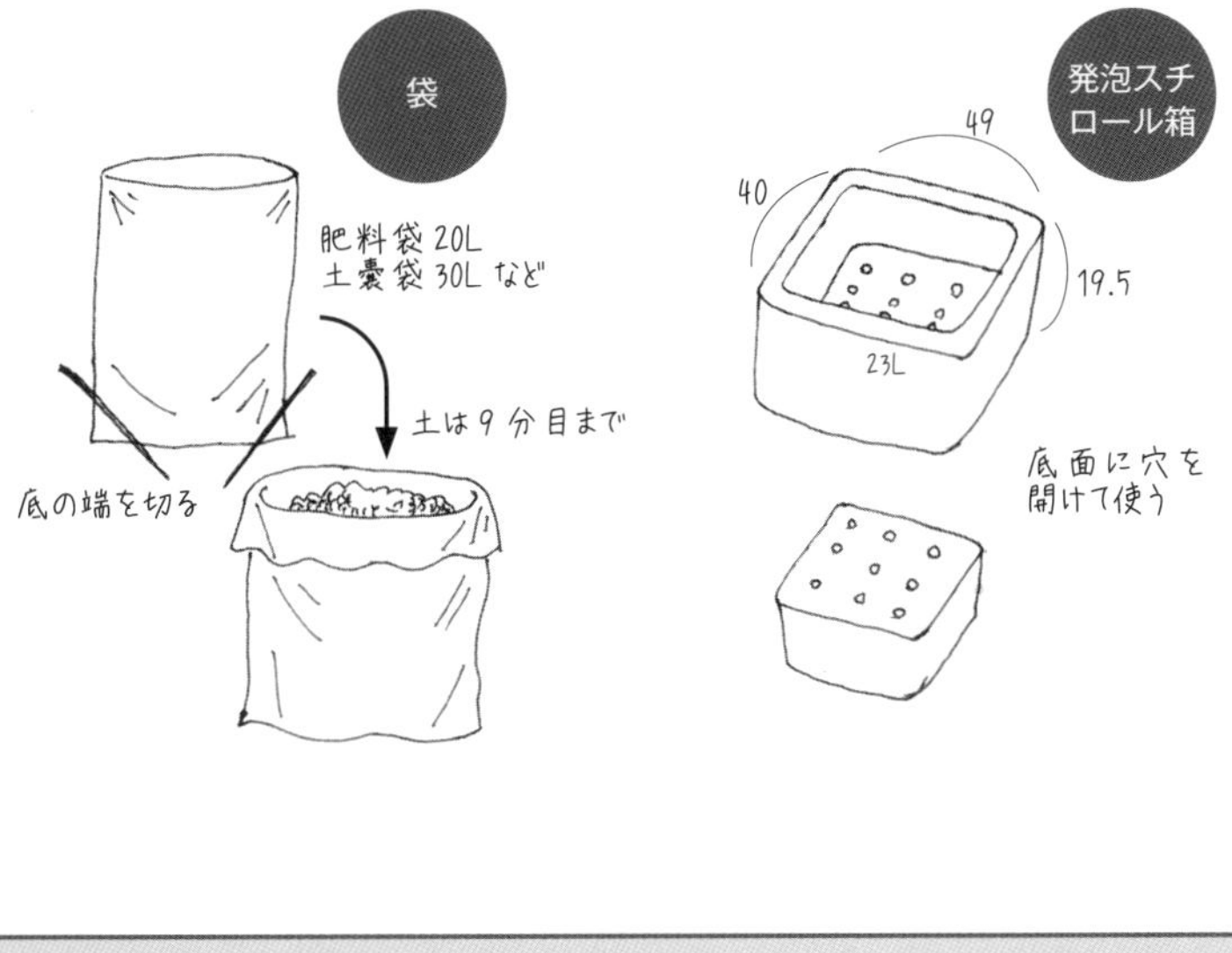
袋
肥料袋 20L
土嚢袋 30L など
底の端を切る
土は9分目まで
発泡スチロール箱
49
40
19.5
23L
底面に穴を開けて使う

用土を自家配合してみよう〔プランター栽培〕

プランター栽培の用土に求められること

用土の量が限られているプランター内では、畑以上に酸素が欠乏しがちなので、酸素が充分に供給される用土が必要になる。肥料や水を充分に与えても、酸素不足で根に活力がなければ、養水分を吸収できない。

プランターに未熟堆肥や有機質肥料を施すと、有害微生物や有害物質が狭いプランター内で蔓延する。この点にも注意が必要である。堆肥は、完熟したものに限って利用する。

数種類の用土を組み合わせる

1種類の土をプランターに入れただけでは、栽培に適した用土にならない。そのため、何種類かの土を配合して目的にあった用土をつくる必要がある。水はけがよく、保水力、保肥力も兼ね備えた用土が理想で、そのように配合された市販品も多数販売されている。しかし、基本的な考え方がわかれば、自家配合もむずかしくない。

ベースにする用土は、身近な田畑や庭先にある土を使えばいい。購入する場合は、赤土、赤玉土、黒土など、安価なものを用意する。とくに赤玉土は水はけ、通気性に優れている。

ベースの用土の割合6に対して3か4加えるのが、植物用土である。完熟堆肥、腐葉土、ピートモスなどが該当する。植物用土には、水はけや通気性を改良し、肥効や水もちを向上させる効果がある。さらに、有用微生物を増加させ、用土を豊かにしてくれる。

基本的にはベース用土と植物用土でプランター栽培用の用土はできあがるが、さらに調整用土を追加して植物用土の機能を補う場合もある。その場合は全体量の5～10％の調整用土を混ぜる。通気性、水もちをアップさせるバーミキュライトやパーライト。有用微生物を増やし、有害物質を吸着する役目を担うモミがら燻炭、ヤシガラ活性炭、ゼオライトなどには、根腐れ防止効果もある。

水はけをよくする

用土の入れ方によって、水はけのよい状態をつくることができる。標準的なプランターの場合、まずは、底にスノコを敷いて水はけをよくする。その上に2cm角に切った軽石や発泡スチロールを2～3cmの厚さに敷き詰める。その上に、数種類の用土を充分に混ぜたものを入れる。

容器の9分目まで土を入れたら、両サイドに溝をつくる。そして中央に向かってかまぼこ状に土を盛り、排水をよくするといい。

以上の基本に加え、育てる野菜の性質に応じて、用土の配合などを工夫するとよい。

自家配合のプランター用土

用土の種類と入れ方

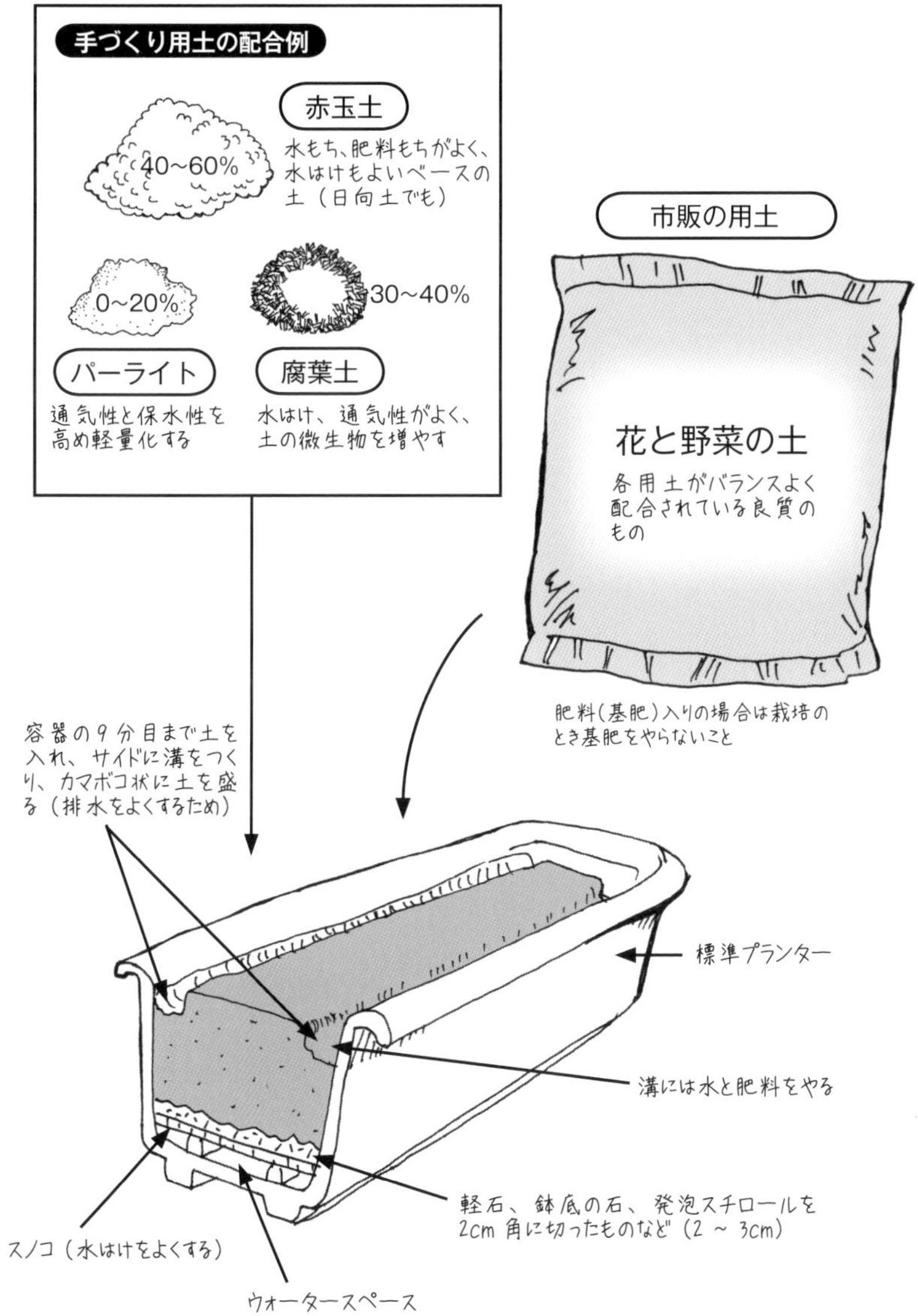

手づくり用土の配合例
赤玉土
40~60%
水もち、肥料もちがよく、水はけもよいベースの土（日向土でも）
0~20%
パーライト
通気性と保水性を高め軽量化する
30~40%
腐葉土
水はけ、通気性がよく、土の微生物を増やす
市販の用土
花と野菜の土
各用土がバランスよく配合されている良質のもの
肥料（基肥）入りの場合は栽培のとき基肥をやらないこと
容器の9分目まで土を入れ、サイドに溝をつくり、カマボコ状に土を盛る（排水をよくするため）
標準プランター
溝には水と肥料をやる
軽石、鉢底の石、発泡スチロールを2cm角に切ったものなど（2 ~ 3cm）
スノコ（水はけをよくする）
ウォータースペース

（資料：上岡誉富『かんたん！ プランター菜園コツのコツ』農文協）

限られた用土での効果的な施肥法〔プランター栽培〕

肥料の加減がむずかしい

プランター栽培は用土の量が少なく、頻繁に水かけをするので、「肥やけ」（肥料を与えすぎて根に障害を起こすこと）や「肥切れ」（少なすぎて栄養不良になること）になりやすい。肥料を与えるときは少しずつ与えて根を慣れさせることが大切だが、それでも肥やけが出ることはある。水をかけ流して肥料濃度を薄め、追肥を控えると症状は改善する。逆に肥切れになると、葉色が黄色がかってくる。

以上の理由から、即効性のある化成肥料を、プランター栽培で使いこなすのはむずかしい。初期に生育が悪い場合には、化成肥料をまとめて与えることで効果をあげることができるが、少量をこまめに与えるのがコツである。また、なるべく大きなプランターで、完熟堆肥を豊富に投入した用土を使って肥もちがよいようにする。追肥をする場合、化成肥料は極少量でよいので、施肥にティースプーンを利用して与えすぎないようにするのもよいだろう。

おすすめは緩効性肥料

5～10日おきに定期的に追肥する場合は、水やり（灌水）代わりに液肥を与えると手軽にできる。ただし、肥料が流れ出やすいのが欠点。おすすめは、少しずつ溶けて効く緩効性肥料を使うこと。施肥回数が少なくてすみ、作業効率もいい。

緩効性肥料のなかでもおすすめは、イソブチルアルデヒド縮合尿素（ＩＢＤＵ）を配合した「ＩＢ化成肥料」である。肥料成分がとくにゆっくり水に溶け出す性質があり、肥効期間は40～１００日間とされる。プランター栽培は水やり回数が多いので、もっと短期間の約20日間隔で施用する。品種名、種まき・定植・施肥の日付を書いた園芸用ラベルをプランターにさしておくと、次の施肥のタイミングがわかって便利である。

施肥の位置で効果に差をつける

液肥以外の肥料を与える場合には、肥料を置く場所によって効果が違ってくる。

基肥も追肥も、条溝施肥が効果的だ。株元からなるべく離すように、プランターの縁沿いや条間に溝を切り、緩効性肥料を施用する。肥料の上には少し用土をかぶせ、灌水も条溝をねらって行うと、養分がゆっくり用土に浸透していき、肥やけの心配が少なくなる。

生育後半になって、根が張り巡らされて溝を切る場所がないときは、土の上に肥料を置いてもよい。肥料と用土が接する面積が少ないほどゆっくりと効くので、より長く緩やかに肥料を効かせることができる。

プランター栽培で肥料を使いこなす

条溝施肥のやり方

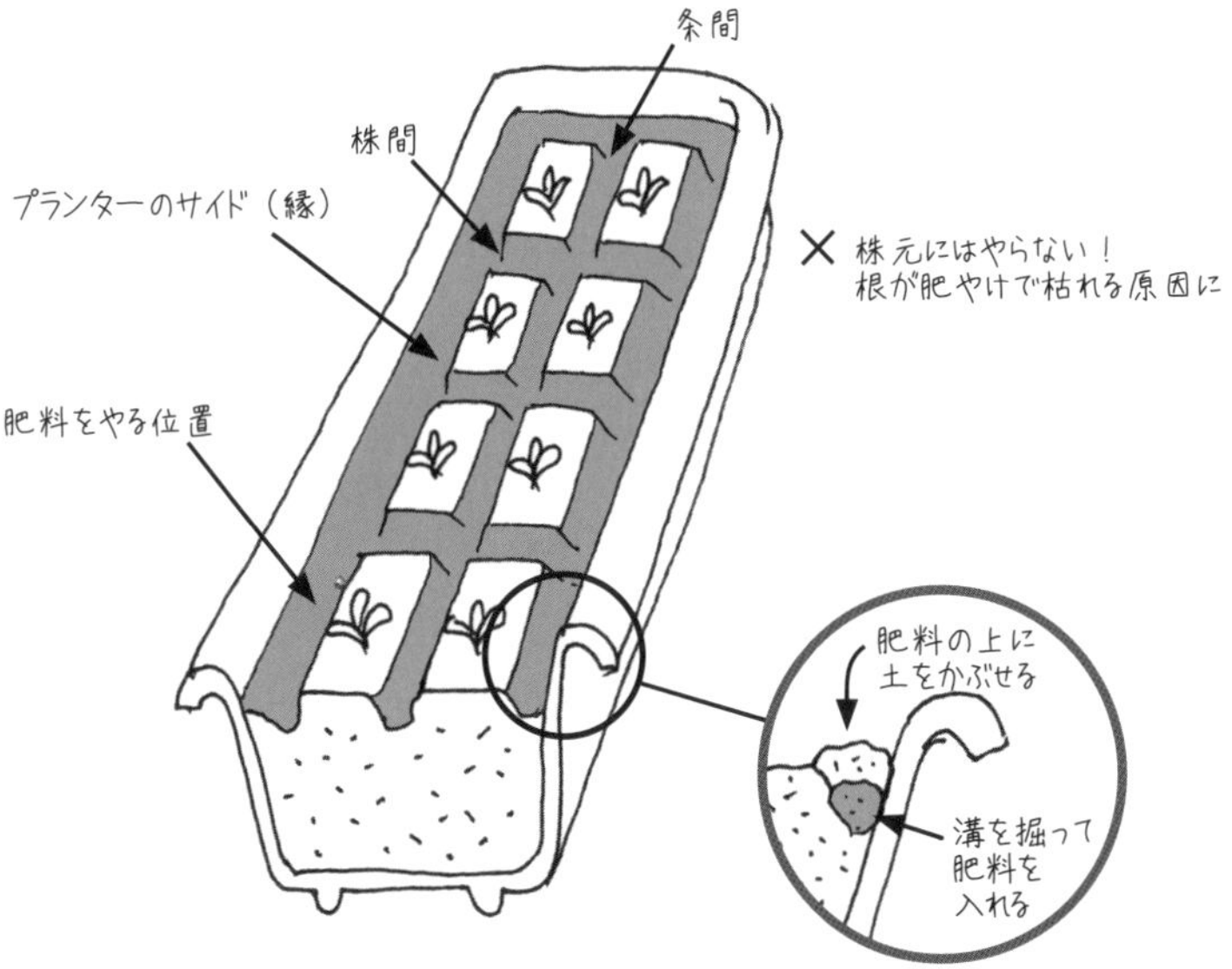

施肥位置で違う肥料の効き方

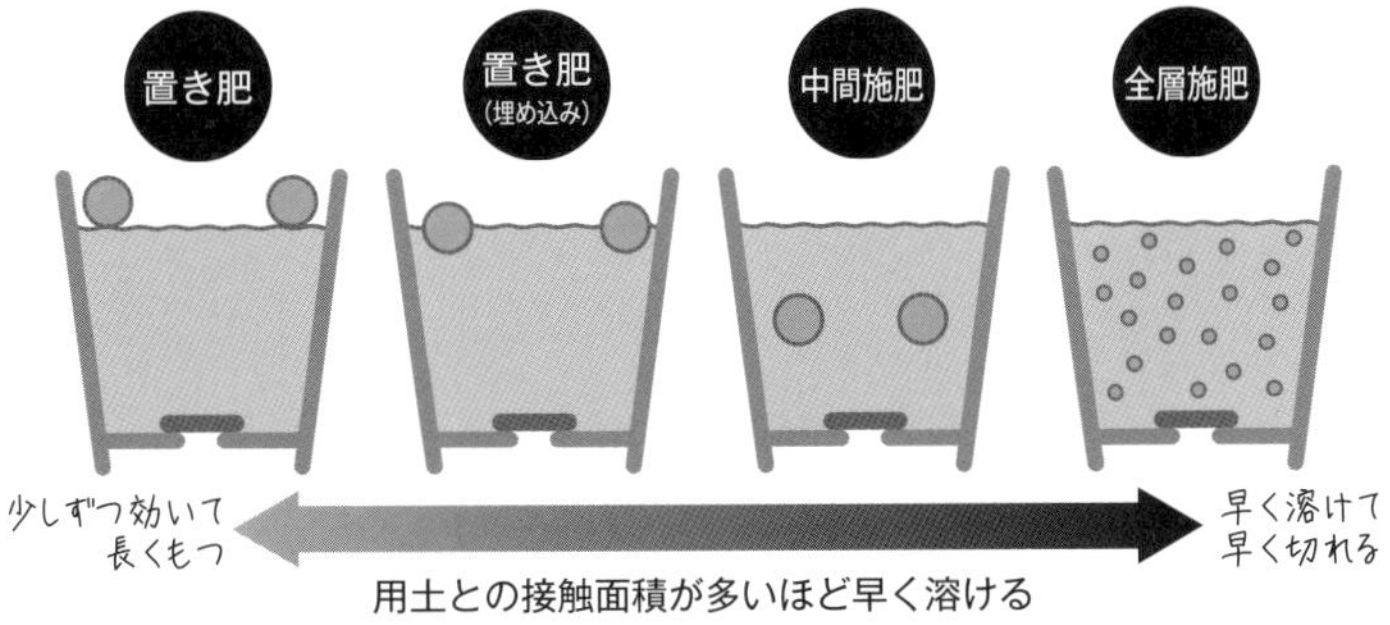

用土の再生活用法〔プランター栽培〕

年に一度、用土の改良を

用土は、作物を栽培するうちに質が低下してくることは避けられない。土に含まれる有機物が分解され、団粒化していた土が単粒化して水はけや通気性が悪化し、土のpHも酸性に傾くことで病害虫が発生しやすくなる。

しかし、劣化した土でも適切に改良すれば、何度でも再利用できる。ひとつのプランターで1年に2作栽培する場合、用土の改良は年に一度行うのが望ましい。ただし、連作障害を起こしやすい作物は、続けて栽培しないようにする。

用土の再生方法

①前作の残さを利用：用土の再生方法はさまざまだが、手軽なのは前作の残さを活かす方法である。まず、前作の残さを乾燥させて細かく刻み、そこに化成肥料を混ぜる（残さ1Lに対して化成肥料2～5gを投入）。化成肥料の窒素分が微生物を繁殖させ、有機物である残さの分解が促進される。これを次作のプランターの底に敷き、その上に堆肥と苦土石灰を混ぜた前作の用土を入れる。

②太陽光・太陽熱消毒：太陽の力を活かした用土の消毒方法である。病原菌の心配が少ない古土であれば、残さや異物を取り除いてトタンやシートの上にまんべんなく薄く広げ、カラカラになるまで1～2週間、日光に当てる。寒地なら、冬の野外に置いて寒さに当てて殺菌してもよい。

ほかにも、前作のプランターをそのまま利用して消毒することもできる。前作の残さをプランターから取り除いたら、落ち葉と用土10Lに対して20gの石灰窒素を入れて、そのままプランターいっぱいに水をためる。これを大きめのビニール袋などで覆い、夏なら2週間、冬なら約1カ月置いておく。たまに攪拌して熱を全体に行き渡らせる。日中の水温は50℃以上になるので、ほとんどの有害菌を死滅させることができる。

プランターから用土を出して行う消毒方法もある。シートの上で用土に灌水しながら全体を湿らせる。その後、黒いゴミ袋に入れてしっかり袋の口を閉じて、野外に置いておく。20日～1カ月ほど日光に当てることで、効率よく殺菌することができる。

③熱湯・蒸気消毒：古土の量が少なければ、容器に入れて熱湯消毒したり、蒸し器で蒸気消毒したりする方法もある。細かい土なら30分ほど煮るだけでも、ほとんどの有害菌は死滅する。

＊

これらの方法で消毒を行った土は、よく乾かしたのち、再生土5、赤玉土2、腐葉土3、燻炭少々の割合で配合して、次作に利用するとよい。

プランターの用土を再利用

用土の再生と利用法

①栽培が終わったプランターから土を出し、1～2日乾燥させ、目の粗いフルイで鉢底石と残さと土とに分ける。

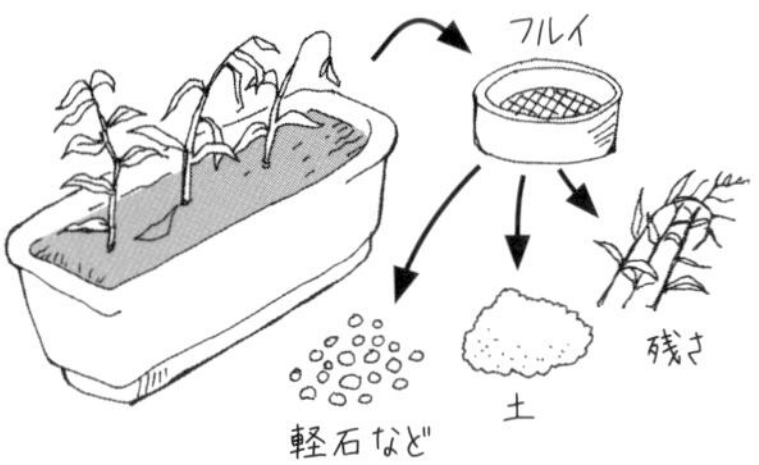

②土は細かいフルイにもう一度かけ、野菜づくりに適さない粉状の細かすぎる土を取り除く（庭土などに使う）。土の20%の量の堆肥（バーク堆肥、腐葉土、自家製など）と苦土石灰を適量（10Lのプランターに使用する場合、約13g）入れて混ぜる。

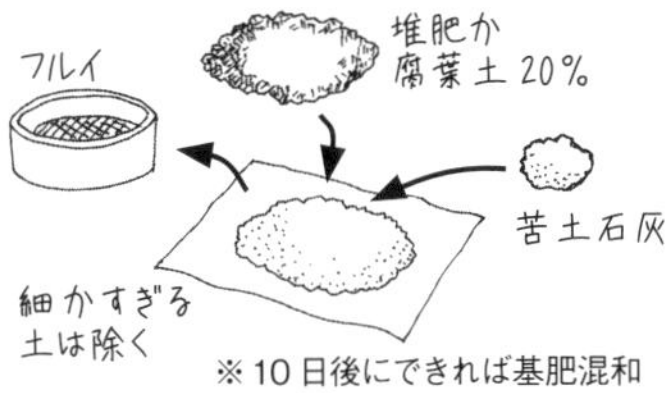

※10日後にできれば基肥混和

③植物の残さとあら根は細かく刻み、1カ所に積んで乾かす。1L当たり2～5g程度の化成肥料を混ぜる。

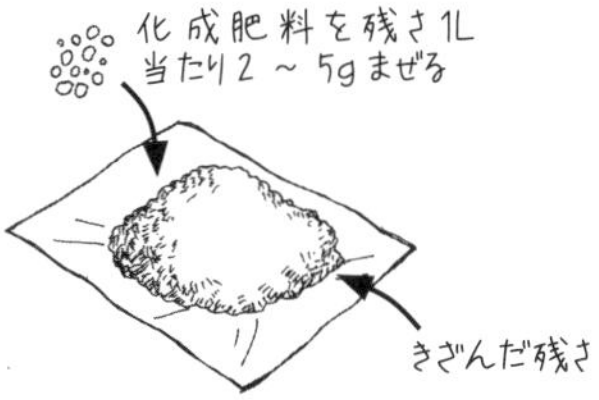

④プランターに鉢底石を入れ、③の植物の残さを1～2cmの厚さで入れ、9分目まで②で再生した土を入れて完成。

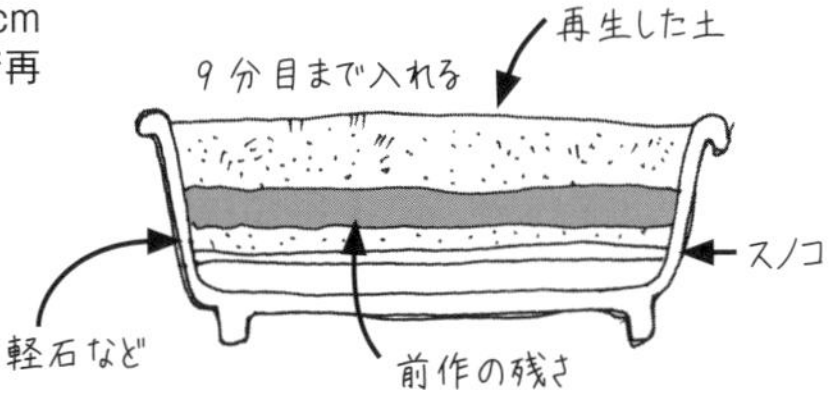

（資料：上岡誉富『かんたん！ プランター菜園コツのコツ』農文協）

家庭菜園用の資材

家庭園芸用肥料とは

市販されている肥料には「農業用肥料」と「家庭園芸用肥料」があり、この２つは肥料取締法により明確に区別されている。家庭園芸用肥料が満たさなければならない条件は２つ。第１に、肥料が入った袋のみやすい場所に、「家庭園芸専用」と明確に表示されていること。第2に、袋に入っている肥料の正味量が10kg以内であることだ。

家庭園芸では、生産物を商品として出荷はしないため、家庭園芸用肥料には規制緩和策が講じられている。家庭園芸用肥料では肥料の濃度を薄くできること、ビタミンや一部の農薬との混用が可能なこと、保証表の表記を簡略化してもよいことなどが定められている。これらは、1980年代後半から家庭園芸が急速に普及し、消費者のニーズを満たすために、規制が緩められていったものである。

園芸用培土

市販の園芸用培土には、自家配合して使う赤玉やピートモス、鹿沼土などの単体の土と、さまざまな資材が配合されていて手軽に使用できる培土とがある。とくにプランター栽培をする場合には、播種だけでなく育苗用にも培土を購入することが多い。

商品数の多いピートモス主体の培土は、配合せずにそのまま使用でき、また多くの商品にはじめから肥料が入っている。ピートモスのほか、バーミキュライトやパーライトなどが配合されていて、用途別に播種用、育苗用などに分かれている。

培土、肥料だけでなく農薬などについても、家庭用園芸資材のバリエーションは増える一方である。便利なものが多いが、大事なのは植物の生育に合った資材を選ぶこと。家庭用園芸資材でも、うまく組み合わせればプロ級の作物を栽培することも充分に可能だ。

第10章

環境の時代・土と肥料の未来

高度化成を中心に多くの肥料を投入する栽培方法は、土壌の悪化や環境汚染をもたらした。いまの農業の課題は多様化しており、人間の健康はもちろんのこと、環境への配慮も求められている。
また、放射能による土壌汚染も深刻な問題だ。
この章では、これから土とどう向きあうべきか、肥料をどのように使うべきか、考えていこう。

肥料の歴史と課題

自給肥料の時代…地域資源の活用

肥料とは、植物を生育させるための栄養分として、人間が施すもの。肥料と人間の付き合いは、いまから1万年前、旧石器時代の終わりごろに、食料となる植物を育てるようになってからのことである。

無意識的な施肥のはじまりといわれるのが「焼畑」。自然の樹木や植生を焼き払ったあとに灰が残り、まいた作物の生育を助ける。しかし、焼畑農業は数年ごとに土地を換えないと作物が充分な養分を得られない。完全な定着農業が可能になるのは、ヨーロッパでは輪作農法が確立してから。日本の場合、輪作は発達せず、連作可能な水田農業が定住を支えた。

積極的な施肥としては、役牛の糞とワラを積んだ厩《きゅう》肥、共同の草刈場からの刈草敷、レンゲなどの緑肥が利用された。

肥料商品化の時代…「金肥」の購入へ

江戸時代、社会が安定すると、商業的農業が発達した。当時の重要な換金作物は関西のワタ（木綿）、関東の桑（養蚕）。これらの栽培のために、肥効の高いナタネ油かすと魚かすが「金肥《きんぴ》」として購入された。また江戸や大坂など大城下町の周辺農村は、野菜の供給基地となった。速効性肥料として好適なのは城下町で大量に発生する人糞尿で、仲買人によって取引される金肥として、リサイクル肥料となった。

19世紀のヨーロッパでは、グアノ（海鳥糞の化石：P）、チリ硝石（N）、カリ塩（K）が3要素の無機肥料として利用された。これらを、日本も輸入した。

化学肥料の時代…多肥集約型農業へ

日本で最初につくられた化学肥料は、1888（明治21）年に国産化された過リン酸石灰。さらに1901（明治34）年には硫安が国産化されて、昭和初期には油かすや魚かすにとって代わった。20世紀後半からは、硫安中心の化学肥料全盛の時代となる。尿素・塩安・熔リンは日本が最初に工業生産したもので、高度化成中心の多肥集約農業を支えた。

しかし、化学肥料多投の農業は、土壌養分の富化やかたよりを引き起こし、さらには肥料養分が河川や湖に流れ、富栄養化などの環境汚染の要因となった。

環境保全型肥料・施肥の時代

いまの課題は、環境への負荷を最小限に抑える、低投入・環境保全型農業にすること。過剰な養分流出を抑える機能をもつ肥料を選び、自給肥料の時代のように地域資源を活用して循環させることだ。耕畜連携・生消連携が必要になる。

肥料のあゆみ

自給肥料の時代

1. 焼畑…草木灰の活用
2. 輪作…生態的地力維持（休閑・マメ科作物）
3. 厩肥・刈草敷・緑肥

肥料商品化の時代

4. 魚かす・ナタネ油かす・人糞尿（17 世紀、日本）
5. 骨粉（18 世紀、欧州）
6. グアノ・チリ硝石・カリ塩（天然無機 3 要素肥料）

化学肥料の時代

7. 過リン酸石灰（1843 年、英国）（1888 年、国産化）
8. 空中窒素固定と硫安（1913 年、ドイツ）
9. 尿素（1948 年、日本）
10. 塩安（1950 年、日本）・熔成リン肥（1950 年、日本）
11. 高度化成（1962 年に生産開始）
12. 苦土入りなど付加価値肥料（1960 年代以降、日本）

環境保全型肥料・施肥の時代〔現代〕

13. 土壌濃度を高めない機能性肥料
14. 地域資源活用（家畜糞・生ゴミほか）
15. 耕畜（耕種農業と畜産）連携・生消（生産者と消費者）連携

肥料の流通と資源状況

需要量は減少傾向、原料価格は上昇

肥料の国内市場規模は、４０９６億円（２０１１年度）。農薬（約３３７０億円）よりも多い。種類別に出荷量をみると、高度化成がいちばん多く、次いで配合肥料、普通（低度）化成、単肥の硫安、尿素、過リン酸石灰が上位を占めている。

国内の需要量は、耕地の減少や、面積当たりの施肥量の抑制（とくに稲作で、食味重視のために追肥をやめるなど、減肥傾向が強い）などで年々減少している。

世界的には、人口の増加や食生活の変化による穀物需要の増大を背景に、肥料の需要は毎年増大しており、原料価格が高騰している。肥料供給の８割をにぎる全農は、窒素（Ｎ）、リン酸（Ｐ）、カリウム（Ｋ）原料が豊富な海外（ヨルダン）で安くつくった高度化成の輸入を増やしたり、単肥を混ぜ合わせたＢＢ（粒状配合）肥料の利用を拡大するなど、低価格肥料の提供で需要の低下を食い止めようとしている。

増える「家庭園芸用」、流通にも変化が

国内での肥料の需要を用途別にみると（次頁）、稲作用が半分以上を占め、畑作や果樹などの農業園芸用が30％強、家庭園芸用が７％強となっている。なかでも家庭園芸用肥料は、家庭菜園愛好者の広がりやガーデニングブームに乗って需要が増えており、供給量のシェアを伸ばしている。

国内での肥料の流通ルートは「系統」と「商系」の２つに分けられる。系統ルートとはＪＡ組織のルートのことで、肥料メーカーから全農本部・都道府県本部を経て各地のＪＡの購買窓口、そして農家へという流れ。商系ルートは、肥料メーカーから元売り会社・卸売業者を経て小売業者（一部はＪＡへ）に渡り、農家・使用者へという流れになる。

肥料の小売店として台頭しているのが、各地のホームセンター。大手のチェーン店では、家庭園芸用肥料だけでなく、ＪＡより安い価格を設定して大口需要者である農家を取り込む戦略で、農村部の店舗数を増やしている。

原料資源の枯渇は？

肥料の原料となるリン鉱石もカリ鉱石も、すべて輸入に頼っている日本。資源は偏在しており、とくにリン鉱石の枯渇が心配されていたが、モロッコなどで新しい鉱床が発見され、枯渇時期は１２０年以上先に伸びた。それでも世界の需要は伸びており、リン酸原料の値下がりは期待しにくい。

そのため、日本のリン酸資源を見直すことが重要だ。畑にたまる「リン酸貯金」を上手に取り出すこと。リン酸を高濃度に含む下水汚泥などを安全に再利用することもこれからの課題で、その実践例も増えている。

肥料の現状

肥料需要の用途別割合

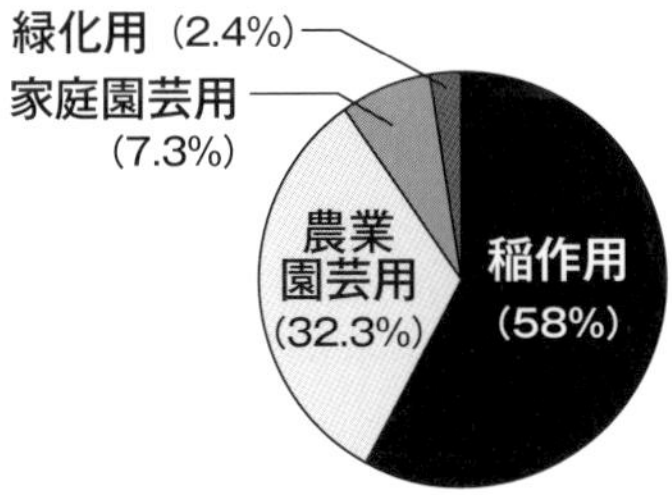

化学肥料の流通経路

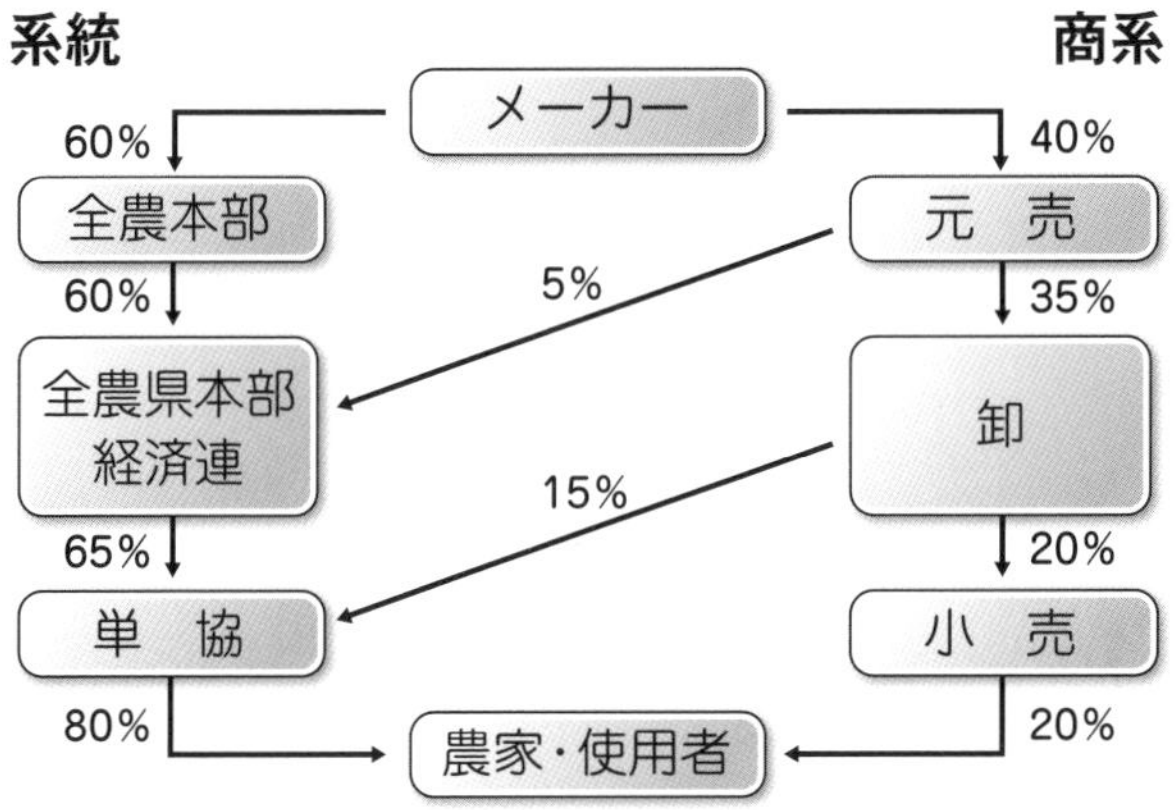

注．%の数字は出荷段階でのシェア　　　（資料：農水省生産局、平成 17 年度）

肥料原料の輸入先

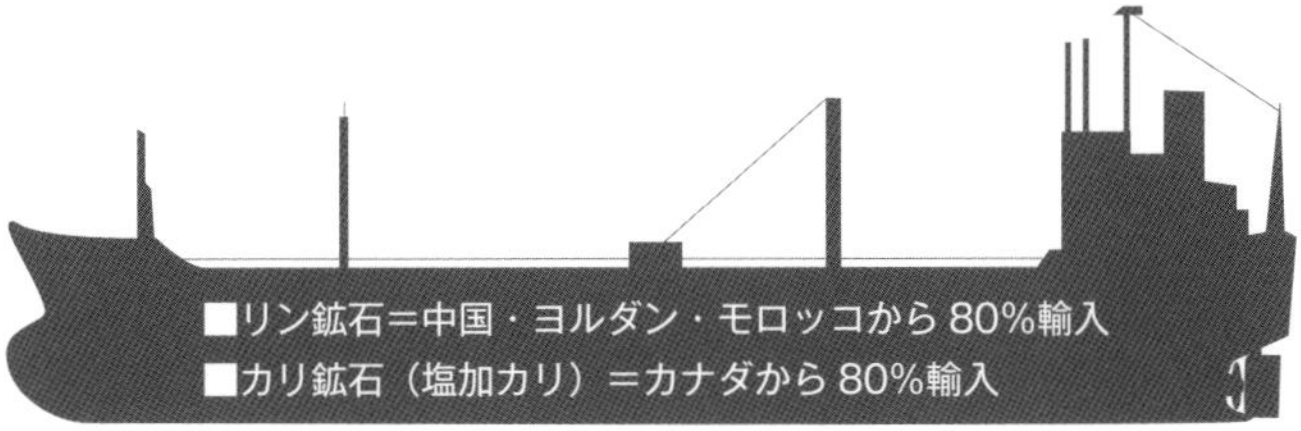

作物の放射能汚染の克服

カリウムと誤ってセシウムを吸収？

東北や関東各地の農地に、放射能汚染をもたらした福島第一原発事故。これから長く放射性セシウムの除染対策が続けられることになるが、作物にセシウムを吸収させないために、カリウム肥料が役に立つという興味深い事実を紹介したい。

本来、セシウムは、植物にとって不必要で有毒な元素である。セシウムを積極的に取り込む植物はない。しかしセシウムは、カリウムと誤って吸収されるという。誤って吸収してしまうのは、カリウムとセシウムの化学的性質が類似していることに原因がある。

その誤りの程度は、植物によって違いがある。セシウムの吸収量が多いことで知られるのはヒユ科のアマランサス、アカザ科のホウレンソウ、タデ科のソバなど。双子葉植物でもヒユ科やタデ科など原始的な部類は、カリウムとセシウムの分別能力が低い。ホウレンソウには放射線基準値を超えて出荷制限されたものが多くみられるが、もともとカリウムの要求量の多い野菜であるため、セシウムを多く吸収した。

カリウムの積極施肥で、セシウムを減らす

土壌中にカリウムを多く施肥すると、セシウムの吸収量が下がることが、チェルノブイリ事故後の研究で確かめられている。カリウムが充分にあれば、セシウムを誤って吸収することが少なくなる。また、金属がイオン化しやすい酸性土壌では、セシウムの吸収量が増えることも知られている。

そこで、セシウムを作物に吸収させない対策は次の３つ。

①酸性土壌であれば、石灰類をまいてpHを上げる。

②カリウムを多く施す。

この①と②を実現するには、汚染されていない地域の間伐材などを燃料に使って、残った「木灰」を畑に施すのが一石二鳥の妙案かもしれない。

③セシウムをよく吸う可能性のあるヒユ科やアカザ科の作物は植えない。

土壌からセシウムをいかに取り除くかを考えるよりも、土壌中のセシウムをいかに農産物に混入させないかを考えるのが当面の現実的な対処法である。

人体もカリウム摂取で自己防衛

人体も植物と同様に、カリウムが豊富な食事を摂れば、セシウムの体組織内への取り込み率は下がる。放射線が怖くて野菜をゆでこぼすのは、カリウムを除去していることになる。それより、カリウム豊富な生野菜をたっぷり摂りたい。必要量以上のカリウムは尿中に排せつされる。カリウムに似ているセシウムも、同じ経路で排出されるのはありがたい。

セシウムの除去

セシウム移行低減栽培

作物による土壌中の放射性セシウムの吸収を抑制するため、カリウムや吸着資材*を施用する栽培方法。
＊吸着資材はゼオライトなど

作物の放射性セシウム吸収を減らす3カ条

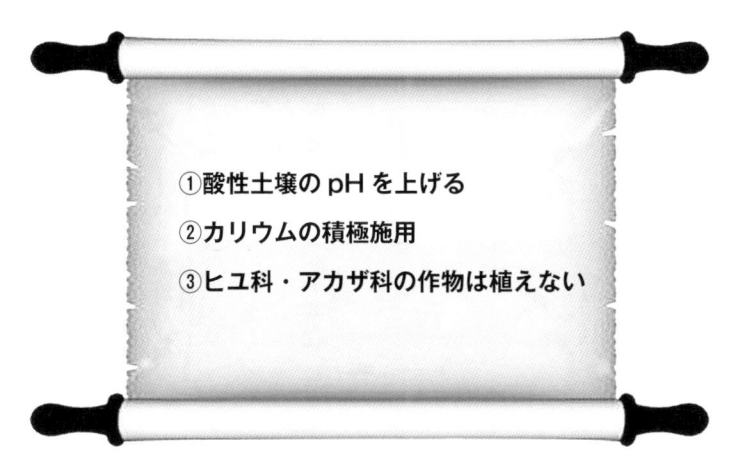

①酸性土壌のpHを上げる

②カリウムの積極施用

③ヒユ科・アカザ科の作物は植えない

●参考資料：「カリウムとセシウム－放射線対策で語られない関係」
（生物工学第90巻・東京大学大学院　有田正規准教授）

未来を拓く「新発想肥料」

光合成能力5割増の「グルタチオン」

いま、新たな農業革命の起爆剤になるのではないかと世界的に注目されているのが、新発想の肥料グルタチオン。

グルタチオンは、グルタミン酸、システインとグリシンの3つのアミノ酸が結合したトリペプチドという物質で、抗酸化機能をもっており、日本では医薬品として登録されている。その効能は、体内の異物を解毒し、自家中毒、肝機能の改善などのほか、難病パーキンソン病の治療にも使われているという。生産方法は、醤油やビールと同じ発酵によるもの。

発酵法でつくられた酸化型グルタチオンの生理作用に新たな効果を期待して、肥料のように植物に与えてみたところ、何と光合成の働きが5割高まり、収量もアップした。この研究成果を発表したのは、岡山県農林水産総合センター生物科学研究所の研究グループ。これを実用化すれば、緑の革命につながると評価されて、ダイズやバイオマス資源のユーカリなどを対象に、北海道や豪州、ベトナムなど国内外で大規模な栽培試験が進行している。

長期に続く作物の窒素吸収効果

白い結晶状のグルタチオンの取り扱いは、非常に簡単で、土壌にまいたり、水に溶かして葉面散布するだけ。農作物への際立つ効果には、根系の発達、シュート（茎葉）生産能力の向上、種子収量の増加、糖類含量の向上、低栄養条件での収穫量の向上などがある。地上部だけでなく地下部の発達も促すので、倒伏にも強い作物に育つ。

トウモロコシでは粒が大きくなり粒数も増えて、収穫量が大幅に増加。ユーカリも際立って生長が早い。ユーカリの場合、1回の施用で、数カ月から1年後でも光合成能力の向上（葉緑素や光合成タンパク質の増加＝窒素含量の増加）が認められる。酸化型グルタチオンも窒素を含む化合物だが、これを施用した植物の窒素量の増加は、施用した酸化型グルタチオンの量では説明がつかない。植物が土壌から窒素を効率的に吸収して葉に送り込んでいることになる。

低投入・多収型の「緑の革命」へ

グルタチオン施用の農業体系では、単なるバイオマスの増産だけでなく、施肥の効率化を達成でき、低投入型の「緑の革命」が実現できる。化成肥料の施用を減らして化石燃料への依存度を下げ、「低炭素社会」の構築にも貢献する。

酸化型グルタチオン由来の窒素量を保証する肥料粒剤が2012（平成24）年に肥料登録され、試験販売もスタートしている。作物ごとに効率的な施用時期をつかむことが課題だが、今後の成果の広がりが期待される肥料である。

グルタチオンのさまざまな効果

グルタチオン肥料

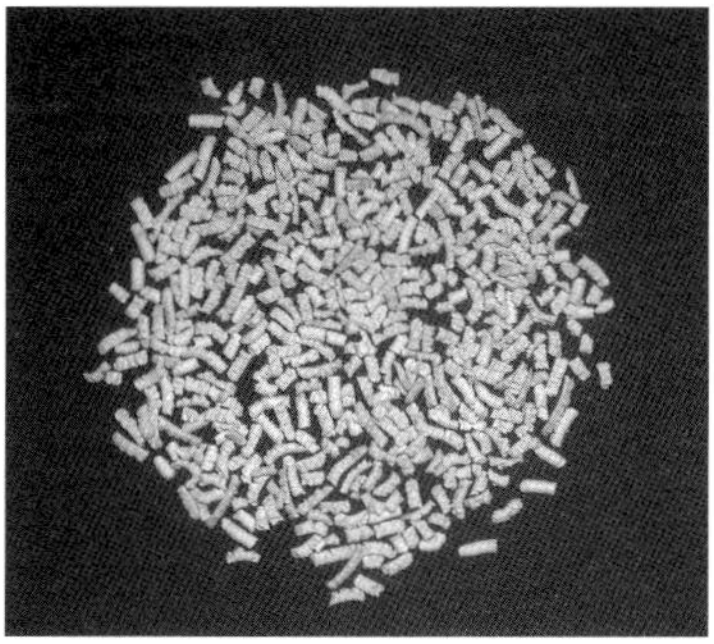

◀ グルタチオン含有粒状肥料（登録済）、（株）カネカ製

ユーカリへの施用効果

▲無施用

▲グルタチオン施用

トウモロコシへの効果

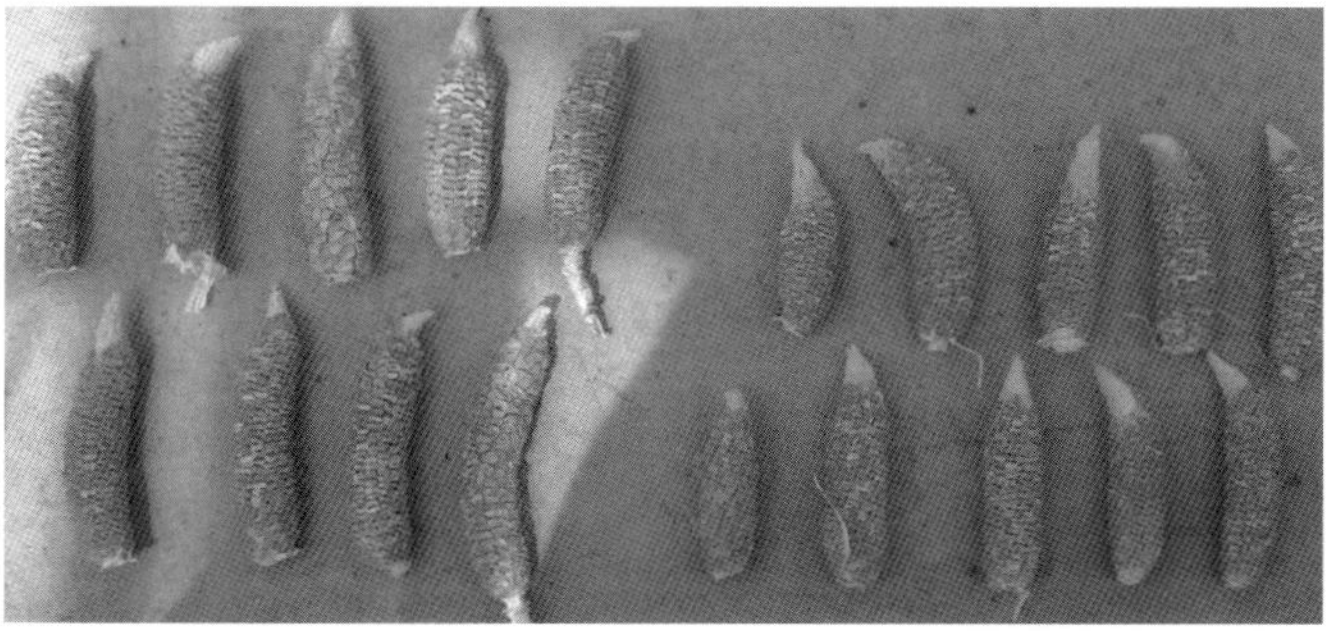

▲グルタチオン施用　▲無施用

環境・資源・健康の連携へ

環境重視でむだのない施肥へ

環境の時代、資源の枯渇が問題になるなかで、日本で使っている化学肥料の原料（リン鉱石やカリ鉱石など）は、すべてを輸入に頼っている。外国依存の多肥農業を続けるなかで、いま土壌診断をすると、リン酸やカリウムがたっぷり貯まっている畑が増えている。過剰な肥料養分が地下水を汚し、河川や湖を富栄養化させるなど、環境への負荷を高めている。

有機質肥料も、利用の多い油かすや魚かすなどは、そのほとんどが輸入である。骨粉も含めてその資源も有限である。

化学肥料と有機質肥料には、それぞれ長所と短所があり、いずれの肥料も過剰に施せば悪影響を引き起こす。

これからの肥培管理は、有機質肥料と化学肥料の特性を十分に理解して、互いの肥料効果を補完しあって収量と品質を高めるような、むだのない併用技術が必要になる。

地域の肥料資源を連携で生かす

日本では、食料も飼料も大量に輸入されており、これに含まれる養分は、最終的には家畜糞や下水汚泥、生ゴミなどの有機性廃棄物として国内に蓄積することになる。これらを肥料資源として適切に農地に還元すれば、土づくりや化学肥料節減、地域の環境保全につながる。

家庭から排出される生ゴミを堆肥化し、農地に還元する取り組みも広がっている。生産者と消費者の「生消連携」は、地元で穫れた農産物を地元で食べる「地産地消」につながり、地域レベルの循環型社会構築にも貢献している。

また、農家同士の地域資源を生かす連携も重要である。稲作や畑作の農家と畜産農家の家畜糞をつなぐ「耕畜連携」も新しい段階を迎えている。多頭化して自分の農地では還元しきれない家畜の糞尿は、家畜排せつ物法の施行によって野積みなど不適切な処理が禁止されたことで、堆肥化が進められ、家畜糞堆肥だけの「堆肥稲作」も増えてきている。

いま、土と肥料の世界では、化学肥料と有機質肥料・有機資材の連携、消費者と生産者の連携、さらに耕種農家と畜産農家の連携などが、今後目指すべき地域資源活用・環境保全型農業に向けて欠かせない取り組みになっている。

「健康な土」を基本にした施肥管理へ

そしていま、「環境」と「資源」に続くキーワードは「健康」である。健康とは、土の健康、作物の健康、さらに人間の健康である。土の健康はその性質を知り、診断することからはじまる。作物の健康は、有機物の施用による地力の向上と土壌の養分バランスの回復がカギとなり、適切な施肥が健康な作物を通して人間の健康も支えることになる。

未来につながるさまざまな連携

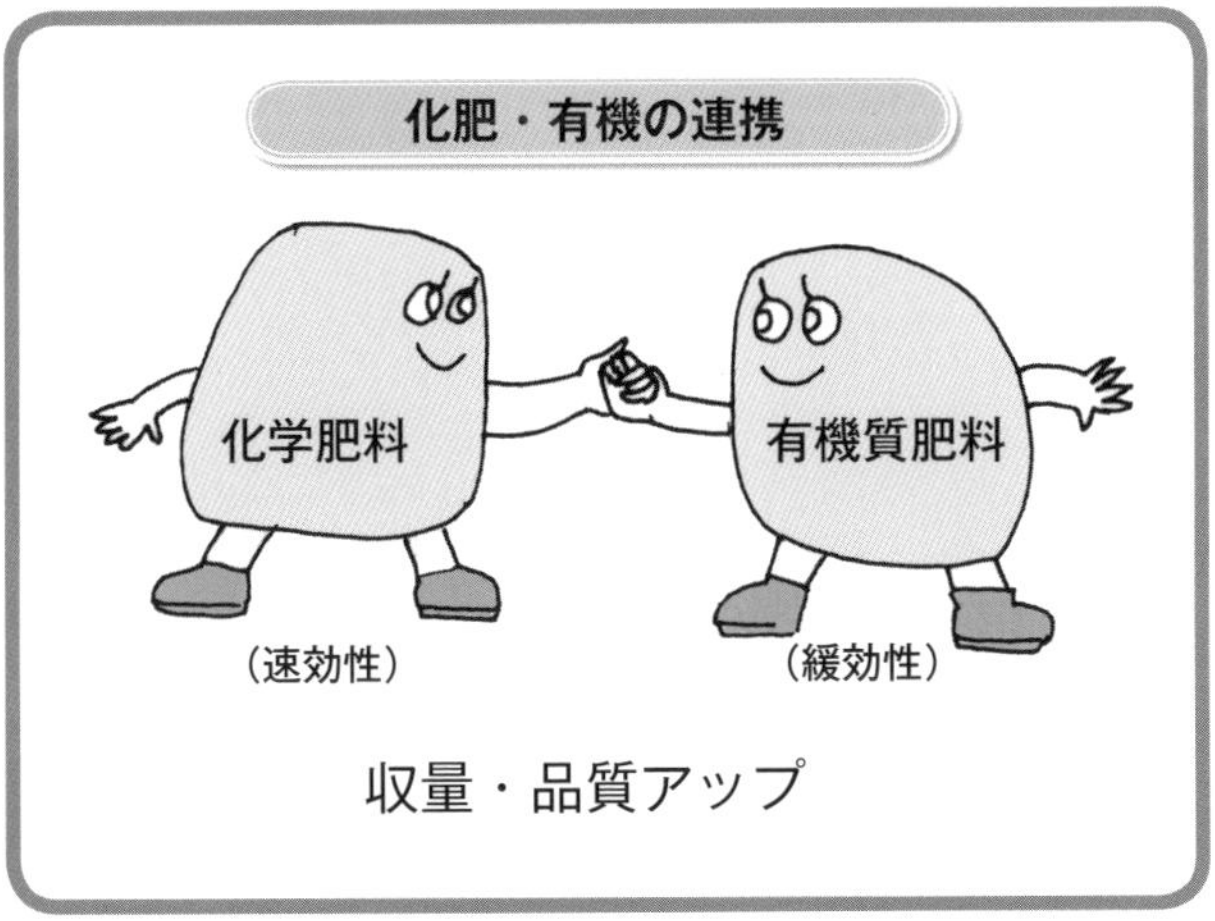

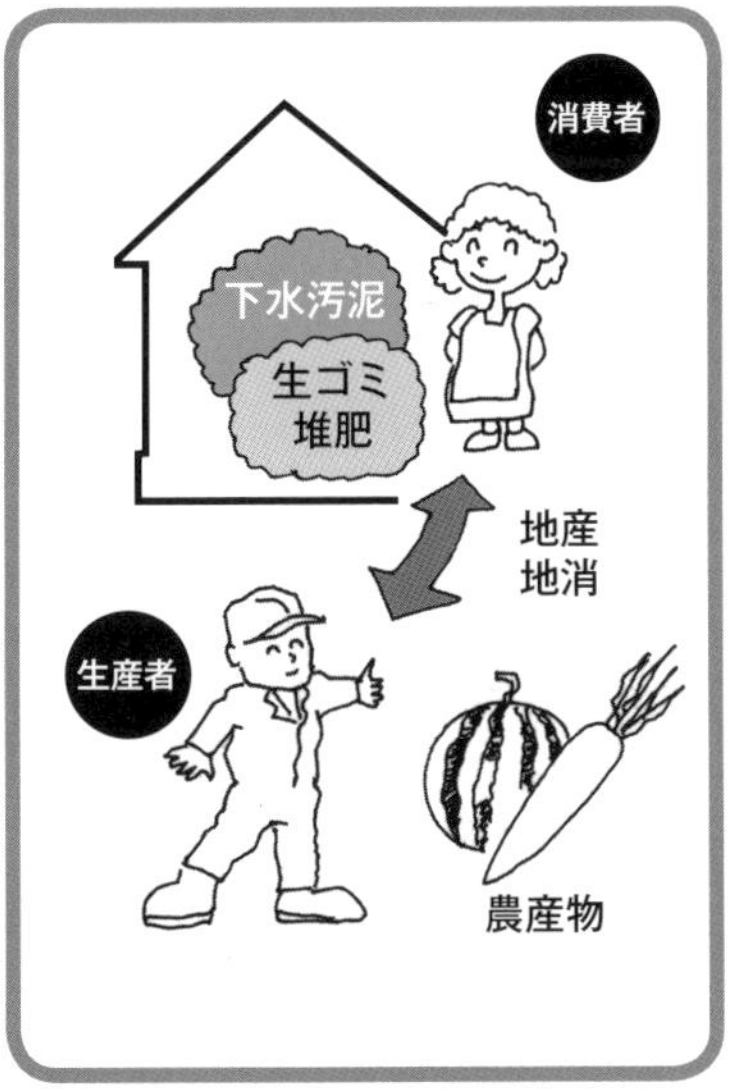

生消連携

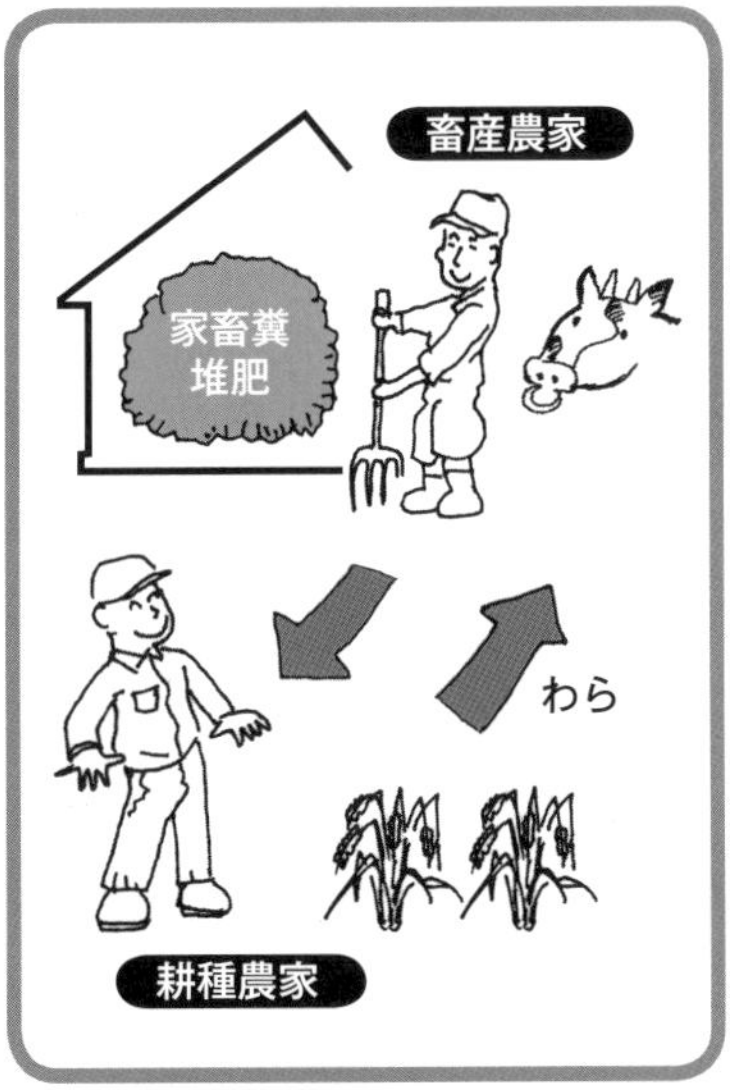

耕畜連携

肥料の分類と種類		使用原料	特性
カリ質肥料	硫酸カリ （硫加）	塩化カリ 硫酸	1. 水に溶け速効性で土に吸着する 2. 生理的酸性
	塩化カリ （塩加）	カリ鉱石	1. 水によく溶け速効性で土に吸着される 2. 生理的酸性
	ケイ酸カリ	微粉炭 燃焼灰 苛性カリ 水マグ	1. く溶性で肥効に持続性がある 2. ケイ酸が可溶性でカリウムと結合 3. く溶性の苦土とホウ素を含む 4. 化学的アルカリ性（pH11 前後）
石灰質肥料	生石灰	石灰石	1. 水と激しく反応、発熱するので保管注意 2. 湿気と炭酸ガスを吸収固結 3. アルカリ性が強いので施肥量は炭カルの 55%とし、施肥後 10 日程度に播種、定植
	消石灰	石灰石	1. 炭酸ガスを吸収し体積増大、保管注意 2. アルカリ性が強いので施肥量は炭カルの 75%とし、施肥後 7 日程度に播種、定植
	炭酸石灰 （炭カル）	石灰石	1. 炭酸を含んだ水に溶ける 2. 弱いアルカリ性 3. 施肥直後でも作物に害がない
	苦土石灰 （苦土カル）	ドロマイト	1. カルシウムとマグネシウムの補給に使われる 2. 効果は緩効性 3. 弱いアルカリ性 4. 施肥直後でも作物に害がない
苦土肥料	硫酸苦土 （硫マグ）	硫酸マグネシウム	1. 速効性 2. 生理的酸性
	水酸化苦土 （水マグ）	ブルーサイトまたは海水など	1. く溶性で長期の作物に適 2. 化学的アルカリ性 3. リン酸不足酸性土壌にリン酸と併用有効
ケイ酸質肥料	鉱さいケイ酸 （ケイカル）	製洗鉱さい	1. 水に溶けにくい 2. 強いアルカリ性のため、土の酸性改良にも効果 3. 効果は緩効的
	軽量気泡コンクリート粉末	軽量気泡コンクリート	1. ALC（建材）残渣を粉末化した肥料 2. ケイ酸質肥料としての効果が高い

（資料：奈良県「農作物の施肥基準」）

おもな肥料の特性

肥料の分類と種類		使用原料	特性
窒素質肥料	硫酸アンモニア（硫安）	アンモニア 硫酸	1. 速効性で土に吸着されやすい 2. 生理的酸性 (硫酸が残る) 3. マメ類、カンキツ類、茶などイオウを好む作物に適する
	塩化アンモニア（塩安）	塩素 アンモニア	1. 速効性で土に吸着されやすい 2. 吸湿性 3. 生理的酸性 (塩素が残る) 4. ホウレンソウ、キャベツ、セロリなどに適するが、タバコやイモ類には不適
	硝酸アンモニア（硝安）	アンモニア 硝酸	1. 速効性で硝酸性窒素は流亡しやすい 2. 吸湿性が強い 3. 生理的中性 4. 酸化力が強く危険物指定
	硝酸石灰	硝酸 石灰石	1. 水によく溶け、速効性、流亡しやすい 2. 吸湿、潮解性が強い 3. 生理的アルカリ性 4. 施設栽培、水耕栽培によく使われる
	尿素	アンモニア 炭酸ガス	1. 水によく溶け速効性 2. 炭酸アンモニアに変われば (施肥後 2 日程度) 土に吸着 3. 吸湿性 4. 生理的中性 5. 施設栽培ではガス害に注意
	石灰窒素	窒素 カーバイド	1. 主成分は水によく溶けるが、シアナミドが無害で有効なアンモニアになるまで 1 ～ 2 週間かかる 2. 分解中のジシアンジアミドが硝化抑制、比較的肥効が長い 3. 雑草、土壌病害などの抑制効果
リン酸質肥料	過リン酸石灰（過石）	リン鉱石 硫酸	1. 水溶性、速効性、土の固定作用を受けやすい 2. 生理的中性、化学的酸性（pH3 前後） 3. 石こうが 50％程度含まれる
	熔成リン肥（熔リン）	リン鉱石 蛇紋岩	1. 水溶性を含まない、緩効性 2. 土の固定作用を受けにくい 3. 化学的アルカリ性 (pH10) 4. BM 熔リンはホウ素、マンガンを保証
	苦土重焼リン	リン鉱石 リン酸ソーダ灰	1. 水溶性とく溶性を含み、長期、短期の作物とも有効 2. 苦土の肥効が高い 3. BM 苦土重焼リンはホウ素、マンガンを保証 4. 生理的中性
	リンスター	リン酸液 苦土石灰 鉱さいケイ酸質含有物	1. 水溶性とく溶性の中間的性格 2. pH を上げずリン酸、塩基の供給ができる 3. BM リンスターはホウ素、マンガンを保証

※肥料取締法は、2020（令和２）年に「肥料の品質の確保等に関する法律（肥料法）」に改正された。

③その他必要性に応じた条件（粉末度、原料、食害試験の実施など）

②の有害成分とは、植物の生長を妨げる、または人の健康を害す可能性のある成分である。重金属であれば、ヒ素、カドミウム、ニッケル、クロム、チタン、水銀、鉛の７種類が有害成分に指定されている。

③のその他必要性に応じた条件は、肥料の種類によって異なるが、たとえば熔リンなどは粒が細かくないと、その効果が現れにくいため、粒度（粒の大きさ）が定められている。

なお、公定規格は（独）農林水産消費安全技術センターのホームページ（http://www.famic.go.jp/ffis/fert/index.html）に記載されている。

●保証票の添付と品質表示の義務

普通肥料は、「保証票」の添付が義務づけられている。保証票は業者の種類により「生産業者保証票」「輸入業者保証票」「販売業者保証票」に分かれるが、いずれも保証成分量（％）、原料の種類、材料の種類などの表示が義務づけられている。

また、特殊肥料のうち堆肥と動物の排せつ物については、そのなかに含まれているおもな成分がわかるよう、品質表示が義務づけられている。これは「肥料取締法に基づく表示」として、袋に書かれている。

なお、先述の登録、届出と同じように、他人に譲渡する場合は無償であってもこれらの表示が必要となる。たとえば、畜産農家が、動物の排せつ物を自分が所有している圃場で使う場合には、品質表示がなくても問題ないが、他人に譲渡する場合は成分分析を行い、品質表示を付ける義務がある。

●施用上の注意などの表示命令

農林水産大臣または都道府県知事が認めた肥料については、施用上の注意、保管上の注意、原料の使用割合や品質・効果を明確にするための事項の表示が義務づけられる。

たとえば、石灰窒素にはシアナミドという成分が含まれており、施用後に飲酒すると悪酔いを引き起こすおそれがあるため、石灰窒素を原料とする肥料には「施用後24時間以内は飲酒しないこと」という表示が必要である。

＊肥料取締法の全文は総務省が運営する法令データ提供システム　e－Govに記載されている。

肥料取締法の概要

●肥料取締法の目的

肥料取締法は1950（昭和25）年に制定された法律であり、その後必要に応じて改正が行われている。その目的は肥料の品質の保全と公正な取引、安全な施用の確保であり、ひいては農業生産力の維持とさらなる増進、さらに国民の健康を保護することを最終的な目標として掲げている。

この法律のなかで、肥料を使う立場の者と関係の深い部分は以下のとおりである。

・肥料の区分と登録
・普通肥料の公定規格
・保証票の添付と品質表示の義務
・施用上の注意などの表示命令

●肥料の区分と登録

肥料は大別して「普通肥料」（特殊肥料以外の肥料）と「特殊肥料」（米ヌカ、堆肥など、農林水産大臣が指定したもの）に分けられる（64頁）。生産、販売を行うにはその種類に応じて農林水産大臣または都道府県知事への届出や登録が必要である。なお、生産した肥料を自分で使用する場合は必要ないが、無償であっても他人に譲る場合は、登録、届出が必要となる。

また、2003（平成15）年の改正により、含まれている成分が植物に残留し、施用方法によっては人畜に有害な農産物ができてしまうおそれのある肥料については「特定普通肥料」として指定されるようになった。特定普通肥料は施用方法や基準が定められ、使用者にはその遵守が求められる。万が一違反した場合は、使用者についても罰則を科されるようになった。なお、2014年6月現在、特定普通肥料に指定されたものはないので、とくに注意する必要はないが、使用者は後述の普通肥料における「保証票」や、特殊肥料の「肥料取締法に基づく表示」などをよくみて適切に使用することが大事である。

●普通肥料の公定規格

普通肥料は、みた目ではその品質がわからないため、公定規格が設定されている。この公定規格により一定の品質が保たれ、また、銘柄ごとに品質が大きく異なるということもない。

公定規格で定められているのは次のとおりである。

①主成分（窒素、リン酸、カリなど）の最小量または最大量
②有害成分の最大量

地力増進法の概要

●地力増進法の目的

地力増進法は1984（昭和59）年に施行された法律。日本の農耕地の土壌は、元々母材がよくないうえ、生産力が低いものが多い。さらに、雨が多く、傾斜地も多いため、養分が流亡しやすい。さらに、有機物施用量の減少などで、地力の低下が懸念される。

そのような状況のなかで、農業者が地力の増進を図る際の技術的な指針をつくるとともに、土壌改良資材の品質表示を法的に定めることで、地力の増進ひいては農業生産力の増進を目的としている。

●土壌改良資材の品質の表示

地力増進法では、肥料以外で土壌に施用して物理性や生物性の改善に効果のあるものを土壌改良資材としている。現在、12種類の資材が政令指定されている（100頁）。

これらの資材については品質表示が義務づけられており、名称などのほか、原料や用途、施用方法などの表示を義務づけている、

地力増進法に基づく表示	
土壌改良資材の名称	○○炭
土壌改良資材の種類	木炭
表示者の氏名又は名称及び住所	株式会社○○○○ ○○県○○市・・・・
正味量	○○リットル
原　料	○○の樹皮を炭化したもの
単位容積質量	1リットル当たり○○kg
用途（主たる効果）	土壌の透水性の改善
施用方法	
（ア）標準的な施用量	
この土壌改良資材の標準的な施用量は、10a当たり○○kgです。	
（イ）施用上の注意	
この土壌改良資材は、地表面に露出すると風雨などにより流出することがあり、また、土壌中に層を形成すると効果が認められないことがありますので、十分に土と混和して下さい。	

土壌改良資材の品質表示の例
（木炭の場合）

●地力増進基本指針

地力増進法のもと、土壌の性質の基本的な改善目標を定めた指針。2008（平成20）年に、地力の維持・向上や環境保全型農業への転換を図り改正された。

改善目標値（上限値または下限値）のほかに、堆肥の施用基準値が設定され、有機物や肥料の適正施用を中心とした土壌管理の推進がすすめられている。

改善目標は、水田、畑、樹園地で分かれており、具体的な改善目標値や堆肥の施用基準値は、農林水産省のホームページ（http://www.maff.go.jp/j/seisan/kankyo/hozen_type/h_dozyo/houritu.html）などでみることができる。

肥料の配合の適否

肥料は、単体で用いられることは少なく、いくつかの肥料を組み合わせて（配合して）用いられることが多い。しかし、肥料の組み合わせによっては肥料成分が失われたり、危険が伴ったりする場合もある。

■肥料の配合適否表

	硫安	塩安	硝安	尿素	石灰窒素	過石	熔リン	苦土過石	重焼リン	硫酸カリ	塩化カリ	草木灰	魚かす・油かす	骨粉	鶏糞	堆肥	緑肥	生石灰	消石灰	炭カル	硫酸苦土	水酸化苦土	炭酸苦土	ケイカル
硫安		▲	▲	○	×	○	×	○	○	○	○	×	○	○	▲	▲	▲	×	×	▲	○	×	×	×
塩安	▲		▲	▲	×	▲	×	▲	○	▲	▲	×	○	○	▲	▲	▲	×	×	▲	▲	×	×	×
硝安	▲	▲		▲	×	▲	×	▲	▲	▲	▲	×	×	▲	×	×	×	×	×	▲	▲	×	×	×
尿素	○	▲	▲		▲	▲	○	▲	○	▲	▲	▲	▲	○	▲	▲	▲	▲	▲	▲	▲	▲	▲	▲
石灰窒素	×	×	×	▲		×	○	×	▲	▲	▲	○	○	○	○	▲	○	○	○	○		○	○	○
過石	○	▲	▲	▲	×		▲	○	○	○	▲	×	○	○	○	○	○	×	×	▲	○	×	×	×
熔リン	×	×	×	○	○	▲		×	○	○	○	○	○	○	▲	▲	○	▲	○	○	○	○	○	○
苦土過石	○	▲	▲	▲	×	○	×		○	○	▲	×	○	○	○	○	○	×	×	▲	○	×	×	×
重焼リン	○	○	▲	○	▲	○	○	○		○	○	○	○	○	○	○	○	▲	▲	▲	○	▲	▲	▲
硫酸カリ	○	▲	▲	▲	▲	○	○	○	○		○	○	○	○	○	○	○	▲	○	○	○	○	○	○
塩化カリ	○	▲	▲	▲	▲	▲	○	▲	○	○		○	○	○	○	○	○	▲	▲	○	○	○	○	○
草木灰	×	×	×	▲	○	×	○	×	○	○	○		○	○	▲	▲	○	○	○	○	○	○	○	○
魚かす・油かす	○	○	×	▲	○	○	○	○	○	○	○	○		○	○	○	○	○	○	○	○	○	○	○
骨粉	○	○	▲	○	○	○	○	○	○	○	○	○	○		○	○	○	▲	○	○	○	○	○	○
鶏糞	▲	▲	×	▲	○	○	▲	○	○	○	○	▲	○	○		○	○	×	▲	○	○	▲	▲	▲
堆肥	▲	▲	×	▲	▲	○	▲	○	○	○	○	▲	○	○	○		○	×	×	▲	○	×	×	×
緑肥	▲	▲	×	▲	○	○	○	○	○	○	○	○	○	○	○	○		○	○	○	○	○	○	○
生石灰	×	×	×	▲	○	×	▲	×	▲	▲	▲	○	○	▲	×	×	○		○	○	○	○	○	○
消石灰	×	×	×	▲	○	×	○	×	▲	○	▲	○	○	○	▲	×	○	○		○	○	○	○	○
炭カル	▲	▲	▲	▲	○	▲	○	▲	▲	○	○	○	○	○	○	▲	○	○	○		○	○	○	○
硫酸苦土	○	▲	▲	▲		○	○	○	○	○	○	○	○	○	○	○	○	○	○	○		○	○	○
水酸化苦土	×	×	×	▲	○	×	○	×	▲	○	○	○	○	○	▲	×	○	○	○	○	○		○	○
炭酸苦土	×	×	×	▲	○	×	○	×	▲	○	○	○	○	○	▲	×	○	○	○	○	○	○		○
ケイカル	×	×	×	▲	○	×	○	×	▲	○	○	○	○	○	▲	×	○	○	○	○	○	○	○	

○：配合してよいもの　▲：配合したらすぐ用いるもの　×：配合してはならないもの

（資料：清和肥料工業 ホームページ「有機質肥料講座」）

●試験の区分と資格

試験は段階的にレベルアップできるよう３つの級に分かれている。

資　格	検定試験	レベル
土壌医	土壌医検定１級	土づくりについて高度な知識･技術を有し、また、５年以上の指導実績又は就農し土づくりに取組んできた実績を有する者で、処方箋作成とともに施肥改善、作物生育等改善の指導ができるレベルにある者
土づくりマスター	土壌医検定２級	土づくりに関しやや高度な知識・技術を有するとともに、土壌診断の処方箋を作成できるレベルにある者
土づくりアドバイザー	土壌医検定３級	土づくりに関する基礎的な知識・技術を有し、土づくりアドバイザーとして対応できるレベルにある者

●試験内容

資格名	土壌医	土づくりマスター	土づくりアドバイザー
区　分	１級	２級	３級
試験回数	年１回	年１回	年１回
試験方法	学科試験＋記述試験＋業績レポート	学科試験	学科試験
受験資格	土づくり指導または就農実績５年以上	問わない	問わない
出題範囲	２級レベルの知識に加え、作物生育との関係での土壌診断と対策（処方箋）の指導ができる知識と実績 〔土壌化学性・物理性・生物性と農作物の安定生産・品質向上対策、農作物の生育障害と対策、環境負荷軽減と農作物の品質向上を目指した対策技術等〕	３級レベルの知識に加え、施肥改善の処方箋が作成できる知識 〔作物生育と化学性・物理性・生物性の診断、診断結果の対策、肥料・土壌改良資材、堆肥の種類と特色、主要作物の生育特性と施肥管理、土壌診断の進め方と調査測定等〕	土づくりと作物生育との関係の基礎知識 〔作物の健全な生育と土壌環境、作物生育と土壌化学性・物理性・生物性との関連、土壌管理・施肥管理、主要作物の施肥特性、土壌診断の内容と進め方等〕
学科試験問題数	・マークシート方式 ４者択一　50 問 （配点 50 点） ・記述方式　５問程度 （配点 25 点） ・業績レポート* （配点 25 点）	60 問	50 問
解答方式		マークシート方式 ４者択一	マークシート方式 ３者択一
合格目標	100 点中 70 点以上 ただし、「業績レポート」が 20 点以上に達していなければ、全体で 70 点以上でも不合格とする	60 問中 40 問以上正解	50 問中 30 問以上正解

＊業績レポートは①土づくり指導、②土づくりに関する調査研究、③土づくりの実践のいずれか該当する項目について、予め作物の生育改善やコスト低減につながった土づくり業績（参考資料、写真があれば添付）をとりまとめ、試験当日事務局に提出（細部は受験案内発表の際に公表）。

土壌の専門家を目指すなら土壌医検定 土壌医®

●土壌医検定とは

養分が過剰な圃場の増加や、肥料価格の高騰などが問題となっているなかで、土壌診断による適正施肥を行うことが、農業における大きな課題である。しかし、土づくりについて指導ができる人材は少なくなってきている。

このような現状の改善を目指し、(一財) 日本土壌協会 (以下、協会) では、土づくりについてしっかりとアドバイスや指導ができる人材の育成と、土づくりに関心をもつ人たちの裾野を広げることを目的に、平成24年度より「土壌医検定試験」を行っている。

試験では、土壌に関する知識だけではなく、土づくりと作物の生育・収量・品質との関係などの知識も問われる。

●合格者のメリット

・合格した級に応じて「土壌医」、「土づくりマスター」、「土づくりアドバイザー」を公的に名乗ることができる (協会への登録が必要)。
・農業関係企業や団体等への就職活動のツールとして活用できる、など

●ホームページ

申し込み方法や試験日、試験会場などは、以下のホームページに掲載。試験対策のための研修会の日程なども掲載されている。

「土壌医検定試験　公式サイト」URL：http://www.doiken.or.jp/

●問い合わせ先

一般財団法人　日本土壌協会内　土壌医検定試験事務局

〒101-0051　東京都千代田区神田神保町1-58　パピルスビル6階

TEL：03-3292-7281　FAX：03-3219-1646

●参考書

土壌医検定試験の参考書として、以下の書籍が協会より販売されている。

・1級試験参考書
　新版　土壌診断と対策 (土壌医検定1級対応参考書)
　価格：本体4,300円＋税
・2級試験参考書
　新版　土壌診断と作物生育改善 (土壌医検定試験2級対応参考書)
　価格：本体3,800円＋税
・3級試験参考書
　土づくりと作物生産 (土壌医検定試験3級対応参考書)
　価格：本体1,800円＋税

参考文献

上岡誉富『かんたん！　プランター菜園コツのコツ』農文協、2005

加藤哲郎『知っておきたい土壌と肥料の基礎知識』誠文堂新光社、2012

加藤哲郎『押さえておきたい土壌と肥料の実践活用』誠文堂新光社、2012

久馬一剛『土とは何だろうか？』京都大学学術出版会、2005

久馬一剛『土の科学』PHP 研究所、2010

後藤逸男・監修『基本からわかる土と肥料の作り方・使い方』家の光協会、2012

齋藤進『もっと上手に市民農園』農文協、2012

『土壌診断と生育診断の基礎』日本土壌協会、2012

『土壌診断と作物生育改善』日本土壌協会、2012

『土壌診断と対策』日本土壌協会、2013

藤原俊六郎『新版　図解　土壌の基礎知識』農文協、2013

水口文夫『家庭菜園コツのコツ』農文協、1991

村上睦朗、藤田 智『もっと野菜がおいしくなる家庭菜園の土づくり入門』家の光協会、2009

渡辺和彦、後藤逸男ほか『土と施肥の新知識』全国肥料商連合会、2012

「土づくりとエコ農業」日本土壌協会

「月刊　現代農業」農文協

「土壌診断によるバランスのとれた土づくり　Vol.1」日本土壌協会、2008

「土壌診断によるバランスのとれた土づくり　Vol.2」日本土壌協会、2009

「土壌診断によるバランスのとれた土づくり　Vol.3」日本土壌協会、2010

都道府県施肥基準等（http://www.maff.go.jp/j/seisan/kankyo/hozen_type/h_sehi_kizyun/）農林水産省

営農 PLUS（http://www.yanmar.co.jp/campaign/agri-plus/soil/index.html）YANMAR

監修者プロフィール

一般財団法人　日本土壌協会

（会長：松本聰／東京大学名誉教授・農学博士）

昭和26（1951）年発足。土地生産力の増進や土壌健全化の促進とともに環境保全型農業の推進を図り、国土資源の有効活用や農業生産の安定に寄与することを目的とする事業を行っている。おもな事業として、土壌医検定試験の実施、土づくり・土壌保全に関する調査、出版・広報などがある。

おもな刊行物として隔月刊の「土づくりとエコ農業」のほか、『堆肥等有機物分析法』などがある。

■写真提供（順不同・敬称略）

ＮＰＯ法人静岡時代／小川健一／倉持正美／清水武／住友化学園芸（株）／（株）竹村電機製作所／（独）農業環境技術研究所／（株）堀場製作所／睦沢町／渡辺和彦

■執筆：チーム「稔」（ナル）
長年、農業農村および食の現場を広く取材してきたライター・カメラマン・編集者と、それに指導協力してきた試験研究者の有志集団（代表・栗田久里）。

装丁・デザイン　TYPE 零（株）國田誠志　尾関俊哉
表紙デザイン　西岡啓次
イラスト　國田誠志

図解《ずかい》でよくわかる 土《つち》・肥料《ひりょう》のきほん

選《えら》び方《かた》・使《つか》い方《かた》から、安全性《あんぜんせい》、種類《しゅるい》、流通《りゅうつう》まで

2014年8月21日　発　行　　NDC 610
2025年2月3日　第9刷

監　修　者　一般財団法人《いっぱんざいだんほうじん》 日本土壌協会《にほんどじょうきょうかい》
発　行　者　小川雄一
発　行　所　株式会社 誠文堂新光社
〒113-0033 東京都文京区本郷3-3-11
https://www.seibundo-shinkosha.net/

印　刷　所　広研印刷 株式会社
製　本　所　和光堂 株式会社

ISBN978-4-416-71427-0